Wolfgang Seitz

Selbst
Sanitäranlagen planen und installieren

Compact Verlag

© 1998 Compact Verlag München
Nachdruck, auch auszugsweise,
nur mit ausdrücklicher Genehmigung
des Verlags gestattet.
Alle Anleitungen wurden
sorgfältig erprobt – eine
Haftung kann dennoch
nicht übernommen werden.
Redaktion: Claudia Schäfer
Umschlaggestaltung: Inga Koch
Satz und Litho: edition VASCO
Produktion: Uwe Eckhard
Druck: Color-Offset GmbH, München
ISBN: 3-8174-2263-6
2222635

Vorwort

Ein Wort zuvor

Selbermachen – ein Hobby, das heute für Millionen zur sinnvollen Freizeitbeschäftigung geworden ist. Ob es sich nun um die gemietete Altbauwohnung oder um die eigenen vier Wände handelt, mit etwas Geschick und einer fachmännischen Anleitung lassen sich oft verblüffende und ansprechende Ergebnisse erzielen: bei kleineren Reparaturen, beim Renovieren und Verschönern und beim Um- und Ausbauen.

Und Selbermachen bringt Spaß. Freude an der eigenen Arbeit, deren Ergebnis man Tag für Tag sehen und »bewundern« kann; es spart Geld, mit dem sich langgehegte Wünsche erfüllen lassen, und es macht unabhängig von Handwerkern, auf die man wochenlang und schließlich vergeblich gewartet hat.

Fachgeschäfte, Heimwerker- und Baumärkte versorgen den Hobby-Handwerker mit allen Werkzeugen und Materialien, die er braucht. Doch richtiges Werkzeug und Begeisterung allein reichen nicht aus. Unerläßlich sind eine gründliche Vorbereitung und Fachkenntnisse, wie eine Arbeit durchzuführen und was dabei zu beachten ist.

COMPACT PRAXIS **Selbst Sanitäranlagen planen und installieren** zeigt, wie man's macht. Mit wertvollen Tips und Tricks, die sich in der Praxis tausendfach bewährt haben. Jeder Arbeitsgang wird ausführlich Schritt für Schritt gezeigt und in Bild und Text erläutert. Übersichtliche Symbole zeigen auf einen Blick, mit welchem Schwierigkeitsgrad, welchem Kraft- und Zeitaufwand Sie bei jedem Arbeitsgang rechnen müssen, welche Werkzeuge Sie brauchen und wieviel Geld Sie durch Ihre eigene Arbeit einsparen können.

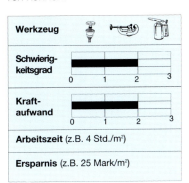

Und so stufen Sie sich richtig ein:

Schwierigkeitsgrad 1 – Arbeiten, die auch der Ungeübte ausführen kann. Es ist nur geringes handwerkliches Geschick erforderlich.

Schwierigkeitsgrad 2 – Arbeiten, die einige Übung im Umgang mit Werkzeug und Material erfordern. Es ist handwerklich durchschnittliches Geschick notwendig.

Schwierigkeitsgrad 3 – Arbeiten, die fachmännische Übung erfordern. Überdurchschnittliches Geschick ist erforderlich.

Kraftaufwand 1 – Leichte Arbeit, die jeder bequem erledigen kann.

Kraftaufwand 2 – Arbeiten, die eine gewisse körperliche Kraft voraussetzen.

Kraftaufwand 3 – Arbeiten für kräftige Heimwerker, die keine »Knochenarbeit« scheuen.

Inhaltsverzeichnis

Auf einen Blick

Fachkunde	**6**
Wasserinstallation – Do it yourself?	6
Wie sinnvoll sind Wasserenthärter?	8
Brauchwasseranlagen	12
Installation ohne direkten Hausanschluß	18
Toilettenspülung	20
Regelmäßige Wartung	22
Kurze Geschichte der Badekultur	24

Materialkunde	**28**
Die wichtigsten Austauschteile und Hilfsmittel	28
Von Armaturen, Duschen und Ventilen	30
Rohrarmaturen im Brauchwassersystem	32
Kupferrohre und Lötfittings	33
Bade-Elemente und ihre Anwendung	34

Werkzeugkunde	**40**
Das richtige Werkzeug	

Inhaltsverzeichnis

Grundkurse 42

Wasser absperren 42
Fliesen von A - Z 44
Löten von Kupferrohren 49

Arbeitsanleitungen 50

Leitungssystem aus Kunststoff 50
Waschbeckenmontage 56
Montage von Armaturen
 - Waschbecken 58
 - Dusche 64
 - Spülkasten und Druckspüler 66
 - Badewanne 68
 - Bidet 70
Duschkabine einbauen 72
Wiederverwendung von Grauwasser 76
Be- und Entlüftungsanlage installieren 83
Unsichtbare Revisionsöffnung 86

Begriffserklärung 88

Sachwortregister 95

Abbildungsverzeichnis 96

Fachkunde: Die Wasserinstallation

Der Laie darf nicht alles, was er kann!

Eines gleich vorweg: Auch dem noch so ambitionierten und versierten Heimwerker sind bei der Brauchwasserinstallation Grenzen gesetzt. Die Wasserversorgungsunternehmen haben Vorschriften, wonach Arbeiten am Trinkwassernetz nur von konzessionierten Firmen durchgeführt werden dürfen. Daher muß, wenn beim Neubau - und auch beim Umbau - ein Wasseranschluß beantragt wird, ein Handwerker mit ins Boot. **Nur er darf den Antrag stellen und die Leitungen ans öffentliche Netz anschließen.** Für Reparaturarbeiten und die Erneuerung von Sanitäreinrichtungen ist allerdings keine Genehmigung erforderlich.

Um Geld zu sparen, reicht es ja auch schon aus, Rohre zu verlegen, Schlitze zu klopfen, zu löten und zu schrauben. Gespart werden kann auch bei der Montage von Waschtischen, Toiletten, Spülkästen, Dusch- und Badewannen, bei der Installation von Armaturen oder beim Fliesen.

Ganz wichtig ist ohnedies die Vorarbeit, die Planung. Was ist auf dem Markt, welche Möglichkeiten bietet der Fachhandel, um einfach, ohne viel Schmutz usw. ein Bad neu zu gestalten, eine Toilette fürs Gästezimmer einzubauen oder eine ökologisch sinnvolle Brauchwasser-Anlage zu installieren?

Machen Sie sich also auf, auch mit uns, den „Sanitär-Dschungel" ein wenig zu lichten. Obwohl viele Hersteller sich dem Fachmann verpflichtet fühlen, ist der Do-it-Yourself Markt eine nicht wegzudenkende Größe. Daher bekommen Sie im Baustoffhandel und in Baumärkten so ziemlich alles, was Sie brauchen, um ein Bad neu zu gestalten, ein Waschbecken zu montieren oder auszuwechseln. Selbst Wasserleitungen aus Kunststoff zum Selbstverlegen gibt es inzwischen für den versierten Heimwerker. Man muß also nicht mehr unbedingt Fittings verlöten oder in mühsamer Arbeit Gewinde schneiden!

Bereits mit der Eigenleistung bei der Planung können Sie sich selber so manch guten Dienst erweisen: Sie sind gut informiert, wenn Sie mit Handwerkern verhandeln, kennen die Preise, können nach Absprache, wie schon gesagt, auch schwerere Arbeiten durchführen, wie etwa Schlitze schlagen etc. **Wichtig: Sorgfältiges Arbeiten garantiert Lebensdauer und hohe Funktionalität der installierten Geräte. Halten Sie sich unbedingt auch an die Herstellerangaben!**

Und vergessen Sie nicht, bei allen Arbeiten zuerst das Wasser abzustellen. Das kann an den zentralen Absperrventilen im Keller geschehen oder direkt an den Eckventilen, die zumindest in moderneren Häusern und Wohnungen den meisten Armaturen, Spülkästen etc. vorgeschaltet sind. **Nicht vergessen: Auch die Leitungen müssen vorher entleert werden.**

SICHERHEITSTIP

Trinkwasserleitungen dürfen auf keinen Fall mit Nichttrinkwassereinrichtungen verbunden werden. Rückflußverhinderer und Geräteanschlußventile mit Rohrbelüftung sind gesetzlich vorgeschrieben. Armaturenausläufe in Waschbecken sollen mindestens 20 mm über dem höchsten Schmutzwasserstand liegen. So wird verhindert, daß schmutziges Wasser zurückgesaugt wird und damit in den Trinkwasserkreislauf gerät.

Die Arbeiten am Hauptnetz gehören daher also in die Hand eines Fachmannes!

Fachkunde: Die Wasserinstallation

Vorher/nachher: So könnte Ihr neugestaltetes Bad aussehen – praktisch und funktionell und hell in den Farben.

Fachkunde: Wasserenthärter

Ein heikles Thema zur Diskussion

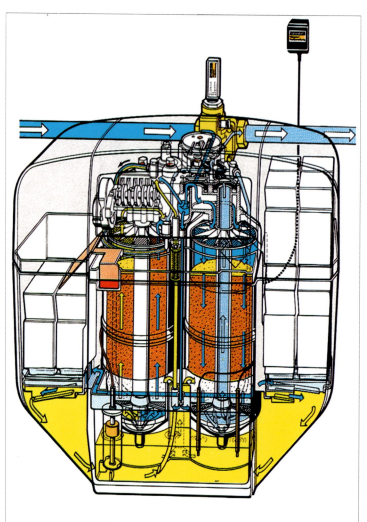

Wird einfach ins Wassernetz des Hauses integriert: Wasserenthärtungsanlage

In vielen Teilen der Bundesrepublik müssen die Menschen mit **hartem Trinkwasser** leben. Destilliertes Wasser für das Dampfbügeleisen und der Essig zum Entkalken von Kaffeemaschine und den Armaturen in Bad und Küche sind regelmäßig Bestandteile von Einkaufslisten. Abhilfe versprechen Anlagen zur **Wasserbehandlung**, die Kalkablagerungen verhindern sollen. Zur Auswahl stehen **physikalische Geräte**, deren Wirkungsprinzip und Wirksamkeit umstritten sind und sog. **Ionenaustauscher**, die dem Wasser die härtebildenden Calcium- und Magnesiumionen entziehen und dafür Natriumionen abgeben. Ein einfaches, aber wirksames chemisches Prinzip.
„Stiftung Warentest" hat solche Geräte ausführlich unter die Lupe genommen. Dabei hat sich gezeigt, daß die Geräte unter ungünstigen Bedingungen verkeimen können, **d.h. die vom Gesetzgeber festgelegten Werte für Trinkwasser werden nicht immer erreicht.**
Denn für Trinkwasser hat der Gesetzgeber in der Trinkwasserverordnung strenge Qualitätsanforderungen festgelegt – unter anderem auch Grenzwerte für Bakterien.

Fachkunde: Wasserenthärter

Das Wasser, das einen Ionenaustauscher durchlaufen hat, muß auch diesen Anforderungen genügen. Mit der Zeit können sich in Ionenaustauschern sogenannte **Biofilme** bilden. Das sind Beläge auf den Harzkügelchen und auf Oberflächen im Innern der Geräte, die aus gelartigen Absonderungen von im Trinkwasser enthaltenen Bakterien bestehen und in denen sich Mikroorganismen festsetzen und vermehren.

Ob Sie sich eine solche Ionenaustausch-Anlage installieren lassen, bedarf also sorgfältiger Überlegung. Die Gefahr von Kalkablagerungen in Rohren und Geräten wird oft übertrieben dargestellt. Dem möglichen Nutzen stehen beträchtliche Anschaffungs- und Betriebskosten gegenüber (Neupreis einer Anlage ohne Einbau um die 4000 Mark). Dazu gesellt sich noch ein ökologischer Nachteil: die Salzbelastung des Abwassers.

Vertretbar sind Ionenaustauscheranlagen bei großen Verkalkungsproblemen durch sehr hartes Wasser. **Wenn Sie sich also entschlossen haben, eine Ionenaustauscher-Anlage einzubauen, sollte damit möglichst nur das Wasser für die Waschmaschine sowie der Teil für die Warmwasserbereitung enthärtet werden.**

Einbau und regelmäßige Wartung (mindestens einmal im Jahr) müssen vom Hersteller oder einem Fachinstallateur vorgenommen werden. (Bei der nachträglichen Installation in ältere Leitungssysteme kann das allerdings oft Schwierigkeiten machen.)

Schon bei der Planung sollten Sie unbedingt eine **genaue Kapazitätsberechnung** vornehmen lassen, um eine Überdimensionierung der Anlage zu vermeiden. Denn Ionenaustauscher werden automatisch regeneriert: entweder wenn ihre Kapazität erschöpft ist oder aber aus hygienischen Gründen spätestens alle vier Tage (**Zwangsregeneration**). Eine zu groß dimensionierte Anlage wird also stets zwangsregeneriert, obwohl ihre Kapazität noch gar nicht voll ausgenutzt ist. **Dies macht die Vorteile der Sparbesalzung zunichte.**

Wie gesagt, Ionenaustauscher neigen zur Verkeimung: In den Biofilmen können sich Bakterien und Pilze bis zu hygienisch bedenklichen Konzentrationen vermehren.

ÖKOTIP

Was tun gegen Kalk?
In der Regel benötigt das Wasser aus der öffentlichen Versorgung keine Nachbehandlung:

• Kalk- und Salzflecken am Waschbecken sind noch kein Grund, eine Enthärtungsanlage einzubauen. Solche Flecken bekommen Sie mit Essigessenz beim Putzen ganz gut weg.

• Armaturen und Duschköpfe sollten Sie bei sehr kalkhaltigem Wasser regelmäßig mit Essigessenz reinigen.

• Geschirrspülmaschinen verfügen über eigene Ionenaustauscher, die das einfließende Wasser enthärten.

• Waschmittel enthalten Enthärter, die bei richtiger Dosierung verhindern, daß die Heizstäbe verkalken. Besonders empfehlenswert: sog. Baukastenwaschmittel, die Sie je nach Härtegrad ihres Wassers dosieren können.

Fachkunde: Wasserenthärter

Belastung für die Umwelt
Für die **Regeneration** von Ionenaustauschern sind teilweise immer noch größere Mengen an Salz notwendig, die ins Abwasser gelangen, in Kläranlagen nicht zurückgehalten werden können und somit die **Gewässer belasten**.
Abgesehen von den Bakteriengehalten dürfen laut Trinkwasserverordnung der Natriumgrenzwert von 150 Milligramm pro Liter (mg/l) nicht überschritten, die Mindesthärte von 8,4 deutschen Härtegraden (°d), und damit ein Mindestgehalt an **Calcium** und **Magnesium,** nicht unterschritten werden. Hintergrund: Hohe Natriumkonzentrationen im Trinkwasser sind angesichts der ohnehin salzreichen Ernährung unerwünscht. **Andererseits ist das Trinkwasser eine bedeutende Quelle für Calcium und Magnesium**. Da Ionenaustauscher das Wasser aber vollständig enthärten und für jeden Härtegrad dabei 8,2 mg/l Natrium ins Wasser abgegeben werden, darf, um die Trinkwasserverordnung einzuhalten, nicht das ganze

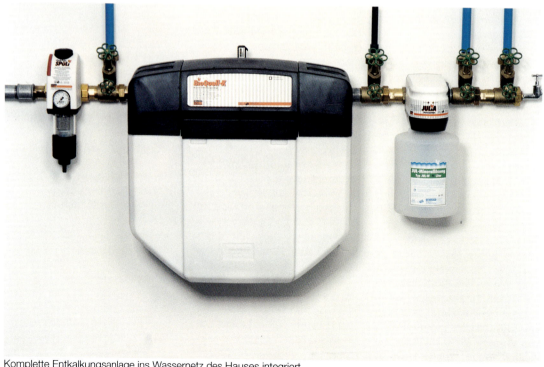

Komplette Entkalkungsanlage ins Wassernetz des Hauses integriert

Fachkunde: Wasserenthärter

zu enthärtende Wasser durch den Ionenaustauscher geleitet werden. Noch in der Anlage wird das enthärtete Wasser dann mit dem unbehandelten Teil wieder minde-

> **PROFITIP**
> Die Wasserhärtebereiche, gemesssen in „deutschen Härtegraden" (°d):
>
> **1 (weich):** bis 7 °d
>
> **2 (mittel):** 7 bis 14 °d
>
> **3 (hart):** 14 bis 21 °d
>
> **4 (sehr hart):** über 21 °d
>
> Bei den Wasserwerken erhalten Sie Auskunft über den Härtegrad des Trinkwassers.

stens auf die geforderten 8,4°d gemischt. Das geschieht in einer sog. **Verschneideeinrichtung.**
Den Kauf und die Installation eines Ionenaustauschers sollten Sie sich gerade auch wegen der Verkeimungsgefahr sehr sorgfältig überlegen. Zwar sind die Hersteller verpflichtet, eine Verkeimung zu verhindern. Doch konnte bei einer Untersuchung von »Stiftung Warentest« keine Anlage jederzeit einwandfreies Trinkwasser liefern.

Kalk- und Korrossionsschäden in Trinkwasserleitungen

Fachkunde: Brauchwasser-Anlagen

Zum Fortspülen einfach zu schade...

Mit einer sog. Brauchwasseranlage können Sie täglich bis zu 30 Prozent Trinkwasser sparen. Im Schnitt verbraucht der Bundesbürger täglich 140 Liter Wasser. Wenn Sie nun 30 Prozent weniger Wasser brauchen, sind das 42 Liter pro Tag, 294 Liter pro Woche und 1274 Liter im Monat. Im Jahr summiert sich das auf 15 288 Liter!

Kluge Köpfe haben sich darüber Gedanken gemacht – und eine Lösung gefunden. Ein System zur Wiederverwendung von sog. **Grauwasser** aus Bade- oder Duschwannen als Spülwasser für die Haustoiletten. Das Bade- und/oder Duschwasser wird dabei über eine durch den Wasserdruck gesteuerte Pumpe in einen Vorratsbehälter geleitet. In diesem **„Bioreaktor"** findet eine bio-technologische Vorklärung des Grauwassers statt (s. Grafik Seite 17), so daß sich selbst bei längerer Lagerung des Grauwassers im Behälter **keine fauligen Gerüche** entwickeln können.

Der Bioreaktor ist an den Wasserzulauf der Toilettenspülung angeschlossen. Mit Betätigung der Spülmechanik der Toilette wird der Spülkasten mit Grauwasser aus dem Bioreaktor aufgefüllt. Ist dieser nicht in der Lage, die benötigte Menge an Spülwasser zu liefern, muß Wasser über die Badewanne zugeführt werden. Wird dem Bioreaktor zuviel Grauwasser zugeführt, erfolgt die **direkte Ableitung** in die Kanalisation.

Die Anschlüsse am Bioreaktor sind so gelegt, daß er wahlweise an der Decke (z.B. oberhalb der Dusche oder Badewanne) oder an der

Soviel Wasser fließt täglich pro Nase:	
WC-Spülung	45 l
Baden/Duschen	43 l
Wäschewaschen	17 l
Geschirrspülen	8 l
Körperpflege	8 l
Garten	6 l
Autopflege	3 l
Trinken/Kochen	3 l
Sonstiges	7 l
	140 l

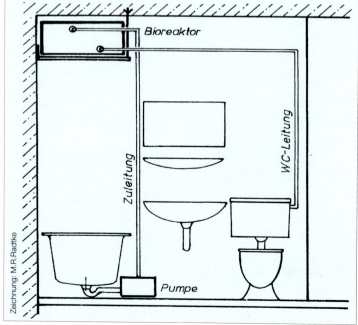

Schema einer Brauchwasseranlage in einem Badezimmer

Fachkunde: Brauchwasser-Anlagen

Wand angebracht werden kann. Vielseitig einsetzbar also. Gerade wenn das Bad renoviert werden soll, könnten Sie sich den Einbau einer solchen Anlage überlegen.

Aufgrund der Modulbauweise können solche Wasser-Regenerierungsanlagen ganz einfach direkt in jedes Bad bzw. Toilette eingebaut werden (s. Arbeitsanleitungen, S. 76). Sie sind auf kleinstem Raum unterzubringen, je nach Anbieter über der Dusche oder unter der Badewanne, sind durch ihre Konzeption kaum störanfällig und leicht zu warten.

In Einfamilienhäusern kann der Bioreaktor bzw. das Überlaufgefäß auch unter dem Dach bzw. im Keller eingebaut werden. Eine Lösung, das Trinkwasser gleich doppelt zu nutzen: für Duschen oder Baden, danach für die Toilettenspülung. **Eine umweltfreundliche und wassersparende Idee mit Pfiff.**

Die Hausanlage

Die Hausanlage ist eine Vorrichtung, mit der das gebrauchte Dusch- und Badewasser im Keller in einem in der Nähe des Hausabwasserabflusses aufgestellten Behälter gesammelt und in den Spülkasten gepumpt wird.

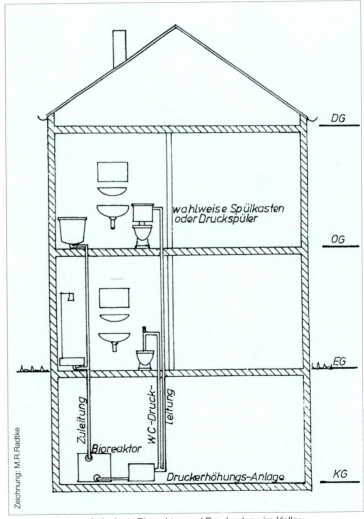

Grauwaser-Umlaufprinzip 1: Bioreaktor und Druckanlage im Keller

Fachkunde: Brauchwasseranlagen

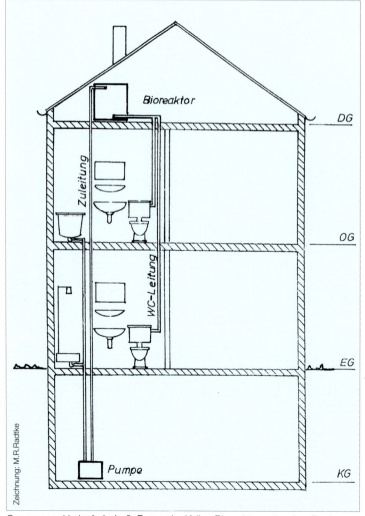

Grauwasser-Umlaufprinzip 2: Pumpe im Keller, Bioreaktor unter dem Dach

Die Vorrichtung ist besonders für Eigenheime geeignet, da dort im allgemeinen genügend Platz in den **Kellerräumen** oder ähnlichen Räumen vorhanden ist, um einen Behälter unterzubringen.
Eine andere Möglichkeit bietet die Installation des Sammelbehälters **unter dem Dach** (s. Skizzen auf den Seiten 13 und 14).
Normalerweise ist in einem Badezimmer eine **Abflußleitung** vorhanden, an die auch die Badewanne oder Dusche angeschlossen wird. Anstelle des normalen Badewannenabflusses wird eine **umschaltbare Ablaufgarnitur** eingebaut. Diese gewährleistet, daß stark verschmutztes Wasser gleich direkt in das Abwasser geleitet werden kann, um eine zu starke Verschmutzung der Vorrichtung zu verhindern.
Der Sammelbehälter wird über eine gesonderte Ablaufleitung an die Ablaufgarnitur montiert. An dem Behälter ist ein Überlaufanschluß vorhanden, der an den Hauswasserabfluß angeschlossen wird. Zudem wird der Sammelbehälter mit einem Kunststoffschlauch mit einem Pumpgefäß verbunden. Damit Pumpgefäß und Pumpe nicht zu stark verschmutzen, wird ein Kunststoffilter dazwischengeschal-

Fachkunde: Brauchwasseranlagen

Funktion des Bioreaktors

1. Brauchwasserzulauf
2. Umschalter
   Sammeln – nicht Sammeln
3. Brauchwassereinlauf
4. Ablaufleitung
5. Überlauf
6. Sammelbehälter
7. Schwimmfilter
8. Saugleitung
9. Pumpengefäß
10. Förderleitung
11. Steuerteil
12. Pumpen- und
    Steuerleitung
13. Spülkasten-Steuerleitung
14. Netzstecker
15. Bodenablauf
16. Kugelventil
17. Abwasseranschluß
18. Podest

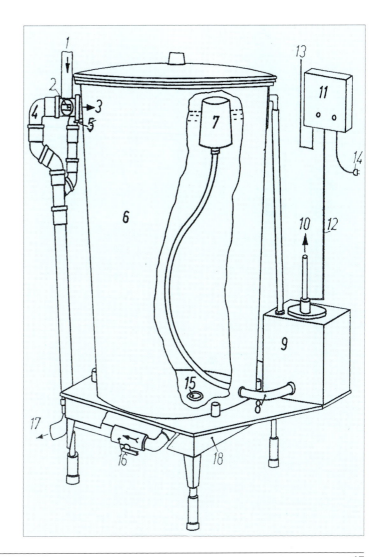

Fachkunde: Brauchwasseranlagen

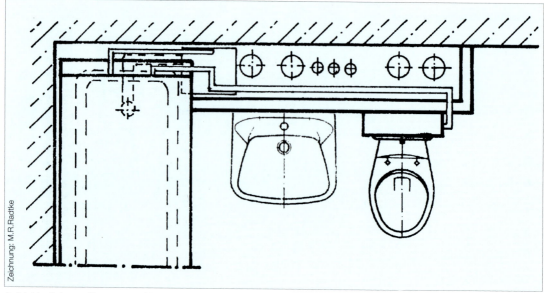

Aufsichts-Schema Grauwasser-Umlaufprinzip in einer Wohnung

tet. In das Pumpgefäß ist ein Pumpenträger, der zur Schwingungsdämpfung in Gummi ausgeführt wird, montiert. Er enthält die Förderpumpe sowie einen Trockenlaufschutzschalter.

Ein Kunststoffschlauch verbindet die Pumpe mit dem Spülkasten. Ein weiterer Schlauch am Behälter dient zur Entlüftung der Anlage.

Am Spülkasten wird an der meist vorgesehenen zweiten Einlauföffnung eine zusätzliche Einlaufgarnitur montiert. Sie enthält einen Pegelschalter, der die Füllhöhe des Wasser im Spülkasten mißt.

Ein elektrisches Steuerteil, das an einer Steckdose an das Stromnetz angeschlossen werden kann, übernimmt die Steuerung der Vorrichtung. Es enthält eine rote LED-Anzeige, die aufleuchtet, wenn im Behälter nicht genügend Wasser vorhanden ist, und eine grüne, die anzeigt, daß die Anlage an das Stromnetz angeschlossen ist.

Leuchtet die rote LED, muß das am normalen Einlauf des Spülkastens befindliche Eckventil, das bei „normalem" Betrieb der Anlage geschlossen ist, geöffnet werden. Dadurch geht der Betrieb von der Grauwasseranlage in den herkömmlichen Zustand über, d.h. die Toilette wird vorübergehend wieder mit Trinkwasser gespült.

Das **Steuerteil** ist so ausgeführt, daß die elektrische Anlage vom Netz galvanisch getrennt ist und

Fachkunde: Brauchwasseranlagen

die Stromkreise für die Stromversorgung der Pumpe sowie die Regelung mit einer Kleinspannung von 12 Volt Gleichstrom, betrieben werden.

Unbedenklichkeits-Bescheinigung

Das Wasser, das auf diese Weise zur Toilettenspülung verwendet wird, entspricht zwar nicht den Anforderungen der Trinkwasserverordnung, doch aus der Sicht unabhängiger Gutachter steht der **Verwendung des Wassers als Brauchwasser für die Toilettenspülung nichts entgegen.** Das ist das Ergebnis einer bakteriologischen Untersuchung, die das Institut für Softwareentwicklung und Umweltanalysen GmbH (ISU) mit Grauwasser aus einer dieser Anlagen feststellte.
Die Probe wurde u.a. auf Coliforme Keime (nicht nachweisbar), Koli-Bakterien (nicht nachweisbar), Fäkalstreptokokken (nicht nachweisbar) untersucht. Nur die Koloniezahlen lagen über dem zulässigen Wert der Trinkwasserverordnung.

ÖKOTIP

Die Pumpe zur Förderung des Grauwassers ist der Teil der Anlage, der Strom braucht. Der maximal zu erwartende Verbrauch für das Leerpumpen einer Wannenfüllung beträgt 0,057 Kilowattstunden (kW/h). Setzt man eine kW/h Strom etwa mit 37 Pfennigen an, so errechnen sich pro Fülung Stromkosten von lediglich 0,02 Pfennigen.

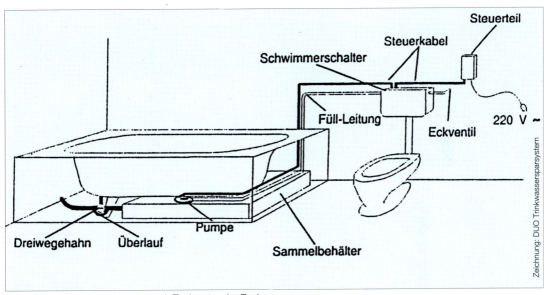

Schnitt durch Grauwassersystem mit Tank unter der Badewanne

Fachkunde: Installation ohne Hausanschluß

Eine Lösung für jeden Standort

Der klassische Anschluß von Waschbecken, Duschwanne, Bidet oder WC-Becken direkt an das Fallrohr für die Abwässer ist nicht überall sinnvoll bzw. möglich: Entweder braucht man gerade da eine Toilette, wo kein Fallrohr vorhanden ist oder man will gerade dort keine Sanitärinstallation mehr, wo der direkte Anschluß möglich wäre! Für **individuelle Einbauprobleme,** wenn z.B. in Kellerräumen der Anschluß an das Abwassernetz zu hoch liegt, gibt es im Fachhandel Lösungen. Bis in die letzte Ecke. Fast schon klassisch ist das WC-Fördersystem. Es bringt Toiletten und natürlich auch die anderen Sanitäreinrichtungen, nachträglich oder zusätzlich, an die richtige Stelle. Altbaumodernisierung, Umstrukturierung von Wohnraum, Dachgeschoßausbau und Gäste-Toiletten sind Haupteinsatzgebiet. Alle Fördersysteme der Angebotspalette funktionieren automatisch: jedesmal, wenn die Spülung betätigt wird. Und das bis zur Kanalisation. Die Ableitungsrohre mit einem Durchmesser von 25/28 mm sind einfach und diskret zu verlegen.

Wie können nun WCs im Keller, unter der Rückstauebene, eingebaut werden? Aus dem Untergeschoß, wo Kellerbar oder Hobbyraum mit dem unerläßlichen (Gäste-)WC ausgestattet werden sollen, pumpt die Anlage die Abwässer 1 bis 4 m hoch oder bis zu 30 m weit, bis hin zur Einleitung in die Kanalisation. Die 28er Ableitung kann auch um baulich vorgegebene Hindernisse herum verlegt werden. Im Kellerbereich kann man schließlich nicht immer in jede Mauer ein Loch bohren bzw. schlagen.
Selbst wenn Sie gleich ein ganzes

Ein komplettes Bad, überall da eingebaut, wo es gebraucht wird

Fachkunde: Installation ohne Hausanschluß

Bad mit Dusche, Wanne, WC und Bidet einbauen möchten, gibt es Förderanlagen mit ausreichender Kapazität, die die Abwässer abpumpen. Aus dem Keller oder von allen anderen Orten im Haus, wo immer Sie auch eine komplette Badezimmer-Einrichtung installieren möchten. Die Ableitung aus 28er Rohrmaterial ist leicht auch unter Putz zu verlegen. Sie dient als Verbindung zur Kanalisation.

Die Anlagen sind aus Sanitärkeramik und anschlußfertig im Fachhandel zu beziehen. Die Toiletten verfügen über ein eingebautes **Pumpwerk** und eine wassersparende **Spülautomatik** auf Knopfdruck. Die Funktion „Timer an/Spülen/Zerkleinern/Leeren/Wiedereinstellen Wasserstand im Siphon/Timer aus" ist, verglichen mit dem guten alten Plumpsklo, ein gutes Stück Sanitärtechnologie. Ein Druck der Spültaste genügt, und schon wird Ihr Abwasser entsorgt. Nach unten, oben, links oder rechts, bis 30 m weit oder je nach System bis zu 4 m hoch. Ein **Rückschlagventil** gewährleistet beim Einbau auch unter der Rückstauebene 100prozentige Sicherheit.

Zum Einbau brauchen Sie lediglich eine 220 Volt Steckdose und irgendwo einen Kanalanschluß.

Alles in einem: WC mit Spülkasten und Förderanlage

Fachkunde: Toilettenspülung

Rauschende Wasser...

Moderne Hängespülkästen gibt es mit einer sog. Spartaste

Für die Wasserspülung des Klosettbeckens werden **Druckspüler** oder **Spülkästen** verwendet.

• Druckspüler wurden vornehmlich Anfang der 60er Jahre eingebaut. Sie lösten bei Neuinstallationen die bis dahin üblichen hochhängenden Kästen ab. **Druckspüler** werden direkt in den Wandanschluß eingeschraubt und benötigen als Zuleitung einen Rohrdurchmesser von mindestens 1" (DN 25). Das ist bei weitem mehr als für einen Spülkasten erforderlich ist. Außerdem erzeugen sie bei Betätigung sehr starke Geräusche, die sich auf das gesamte Rohrnetz übertragen. Je höher der Wasserdruck, desto stärker die Geräusche. Mit diesen Spülarmaturen kann die Wasserdurchflußmenge und die Spülzeit eingestellt und bei Bedarf ohne Verzögerung gespült werden.

Durch einen erforderlichen Betriebsdruck von 1,5 bis 6 bar kann es bei mehrstöckigen Häusern in den oberen Etagen wegen des Druckabfalls Probleme geben.

Auch sind diese Druckspüler sehr empfindlich gegen Schmutzteilchen und Korrosion. Dadurch kann sich die Grundeinstellung häufig verändern. Bei Wartungs- und Reparaturarbeiten müssen Sie zuvor das entsprechende Rohrleitungsnetz entleeren. Die **Wartung** ist nicht zuletzt deshalb aufwendiger und schwieriger als beim Spülkasten. Oft ist der Austausch günstiger als die Reparatur.

• Weit häufiger verbreitet als Druckspüler sind heute sog. **Tiefhänge-Spülkästen**. Steht die Toilettenschüssel auf dem Boden, werden sie an die Wand montiert, bei Hängeklosetts können sie auf der Schüssel aufsitzen.

• Die sicher eleganteste Lösung bietet ein **Wandeinbauspülkasten**. Spülkasten und -rohr verschwinden in der Wand. Der Spülkastenhebel sitzt auf einer ab-

Fachkunde: Toilettenspülung

schraubbaren Blende an der Wand, so daß die Armaturen des Spülkastens bei Bedarf zugänglich sind.

Im Unterschied zu Druckspülern können Spülkästen und damit das gesamte Rohrnetz eines Hauses mit kleineren Rohrnennweiten auskommen.
Die Spülgeräusche sind geringer, denn das Spülwasser sammelt sich ja erst im Spülkasten, bevor es verbraucht wird, wogegen beim Druckspüler während des Spülvorgangs eine direkte Verbindung zwischen Wasserzulauf und -ablauf im Spülrohr entsteht.

Praktisch: Die Bohrschablone ist auf der Verpackung aufgedruckt

• Die Hersteller von Sanitärzubehör bieten seit einigen Jahren Spülkästen mit einer sogenannten **»Spartaste«** an. Mit ihr kann die Wasserzuführung während des Spülvorgangs unterbrochen werden. Einen vorhandenen Spülkasten können Sie nachträglich mit Sparschaltung nachrüsten. Beim „kleinen Geschäft" müssen Sie nun nicht mehr sämtliche 9 bis 12 Liter einer Kastenfüllung hinterher schicken. Man kommt nämlich auch mit weniger Wasser aus.
Außerdem können Sie die Wassermenge im Spülkasten darüberhinaus selbst einstellen.

Elegante Lösung: Einbauspülkasten – nur der Drücker ist sichtbar

Fachkunde: Regelmäßige Wartung

Damit auch samstags alles dicht bleibt

Perlatoren, die Luftsprudler, brauchen regelmäßige Wartung

Unentbehrlich: die Wasserpumpenzange

Genau wie Ihr Auto sollten Sie auch Ihre Sanitäranlage **regelmäßig** warten. Das fängt beim Perlator des Wasserhahns und bei der Entkalkung der Handbrause an und geht bis hin zur regelmäßigen Reinigung des Filters nach dem Zähler in Ihrer Wasserleitung und zum Ausfräsen der Ventilsitze. Ein tropfender Wasserhahn oder eine nicht abschaltende Spülung fallen natürlich sofort auf und werden bei Bedarf gerichtet. Aber was ist mit den anderen Bauteilen im Wasserkreislauf eines Hauses? Sind die Absperrhähne im Notfall auch wirklich noch funktionsfähig?

Sicher gibt es Teile in Ihrer Sanitäranlage, die sinnvollerweise erst dann repariert werden, wenn ein Fehler auftritt. Dazu gehören der tropfende Wasserhahn, der verstopfte Abfluß oder eine Toilettenspülung, die streikt. Durch **regelmäßige Wartung** aller anderen Bauteile jedoch vermeiden Sie teure Reparaturen – und unliebsame Überraschungen.
Wenn Sie zum Beispiel den **Wasserfilter** am Hauptanschluß erst nach Jahren und auch erst dann wechseln oder reinigen wollen, weil er nicht mehr genügend Wasser durchläßt, werden Sie höchst-

Fachkunde: Regelmäßige Wartung

wahrscheinlich eine böse Überraschung erleben. Vermutlich sitzt das Filterglas so fest, daß Sie es überhaupt nicht abschrauben können, ohne es zu zerstören. Und dann ist sicher Feierabend oder Wochenende – und kein neuer Filter oder ein Ersatzglas zur Hand.

PROFITIP
Alle Teile, die regelmäßig ausgewechselt werden müssen, sollten Sie im Haus vorrätig haben und nach Gebrauch sofort neu beschaffen. Dann sind Sie auch sicher, daß die Teile passen. Genauso, wie eine gut sortierte Grundausstattung an Werkzeug in jeden Haushalt gehört. Was Sie dazu alles benötigen, steht in der Werkzeugkunde auf Seite 40.

Was Sie auf alle Fälle immer im Haus haben sollten, ist **konzentrierte Essigessenz.** Die schlägt sozusagen fast jeden chemischen Entkalker. Damit sollten Sie regelmäßig Duschköpfe und Luftsprudler reinigen. Gute Dienste leistet diese 25prozentige Säure auch beim Entfernen von **Kalkflecken.**

Braucht Pflege: der Hauptwasserhahn – damit er im Notfall funktioniert

Das richtige Dichtmaterial ist das A und O!

Fachkunde: Kurze Geschichte der Badekultur

Der Badezuber ist passé

In unserer Badewanne sind wir Kapitän...

Natur- und frühe Kulturvölker hatten es leicht, sie stiegen zum Baden ganz einfach in Flüsse, Seen oder ins Meer.
Die Griechen hatten es dann schon besser: Zur Zeit Homers kannten sie bereits die Badewanne. Immerhin wurde auf der Burg von Tiryns ein Baderaum mit Resten einer tönernen Badewanne aus dem Jahre 1400 vor Christus gefunden. Da hat sich zwischenzeitlich viel getan. Badeserien sind Design-Objekte geworden. Die Formensprache, so verkünden die Werbebroschüren, sei auf das Wesentliche reduziert. Das Bad wurde zum Gesamtkunstwerk, zum Ausdruck gelebter Kultur und individuellen Stils.
Das ist allerdings noch bei weitem nicht immer so. Modeschöpfer Wolfgang Joop beklagte in einem Interview mit der Fachzeitschrift »Splash«, „in Deutschland werden Bäder immer noch sehr stiefmütterlich behandelt. Dem Wohnzimmer wird sehr viel Platz eingeräumt ... und am Bad wird dann eingespart".
Dennoch geht der Trend zum Erlebnis-Bad in den eigenen vier Wänden – wenn der Platz reicht.
Für die alten Griechen und die Römer war das Bad gleichzeitig auch ein Kommunikationszentrum, ein

Fachkunde: Kurze Geschichte der Badekultur

So badeten Oma und Opa: historische Badestube im Kurmuseum Bad Wildungen

Fachkunde: Kurze Geschichte der Badekultur

Das Gellért-Bad in Budapest: weltberühmter Badetempel im Jugendstil

„Kaffeehaus im Bade" quasi. Daß Kaiserin Kleopatra in Eselsmilch badete, wissen wir spätestens seit Asterix. Wie wichtig das Bad für Aphrodite war, die auf Zypern als „Schaumgeborene" aus dem Meer stieg, zeigen heute die Bäder der Aphrodite an der Nordwest-Spitze der Insel. Sie tat es wohl, um Adonis zu gefallen. Mythen und Legenden? Vielleicht. Doch gerade an den Kultstätten verbanden die alten Griechen das Bad auch gleich mit religiösen Riten.

Die christliche Kirche war später vom Bad als gesellschaftliches Ereignis nicht mehr so angetan, witterte sie doch einen Sündenpfuhl in den gemischten Badehäusern, wo sich Männlein und Weiblein gemeinsam in den Zubern tummelten. Ja, und dann kam das vorläufige Aus für das Bad. Die aufgeklärten Franzosen „badeten" zwar förmlich in Parfüm und sonstigen Duftwässerchen, mieden das Wasser aber wie die Pest. Erst um die Jahrhundertwende entstanden die großen Bäder mit den großen Namen, z.B. das Gellért-Bad in Budapest, 1918 im reinen Jugendstil gebaut. Andere Häuser wie das Müller'sche Volksbad in München hatten neben dem großen Becken auch noch eine Reihe von Dusch-

Fachkunde: Kurze Geschichte der Badekultur

und Wannenbädern aufzubieten. Denn neue Hygiene-Vorstellungen brachten wieder die Sauberkeit nach Europa, doch das Badevergnügen, die Entspannung im Bad, war noch in weiter Ferne: „Naßzellen" hießen die Bäder der neugebauten Wohnungen noch in den 50er Jahren. Doch der Schritt zur neuen Badelust war nicht mehr weit. Zwar kam irgendwann noch die „Duscheritis" auf, schnell, schnell sauber werden, nach dem Motto „von Strahl zu Strahl". Auch das ist jetzt dem Vergnügen gewichen: Duschen haben einen weichen Strahl oder einen Massagestrahl, oft nicht nur eine, sondern gleich mehrere Düsen. Entspannung ist angesagt im Badezimmer sowie Wärme und Gemütlichkeit. Die Designer tun ein Übriges, denken mit, schaffen es, Ideen umzusetzen, die dem Bad-Benutzer einfach nur angenehm sind, die Spaß machen. Mit Spaß und Freude „Saubermann" spielen, ist auch für Kinder wichtig. Dann müssen sie nicht Micky Maus-lesend am Wannenrand sitzen, das Wasser laufen lassen und die Zahnbürste am Beckenrand schrubben, damit Muttern draußen zufrieden ist. Dann kann das Bad ein Platz für die ganze Familie sein.

Das Müller'sche Volksbad in München war lange Treff für Leute ohne Wanne

Haben wir es heutzutage gut...

Materialkunde: Die wichtigsten Austauschteile und Hilfsmittel

Das sollten Sie immer parat haben

1 Die wohl häufigste Reparatur an der Sanitäranlage ist das Auswechseln einer **Dichtung** an einem tropfenden Wasserhahn. Fast so vielfältig wie das Angebot an verschiedenen Auslaufarmaturen ist (leider) auch die Auswahl unterschiedlicher Dichtungen. In nahezu allen Supermärkten finden Sie fertig verpackte Sortimente der gängigsten Dichtungen. Diese Angebote sind zwar sehr preisgünstig, enthalten aber viele Teile, die Sie vermutlich nie brauchen werden. Besser ist es, Sie besorgen sich einen Satz Dichtungen, der genau zu Ihren Armaturen paßt.

2 Auch **Dichtringe an Schlauchanschlüssen** für Waschmaschine, Gartenschlauch usw. unterliegen einem Alterungsprozeß. Wenn Schläuche, z. B. an Wasch- und Spülmaschinen, nur selten gelöst werden, kann es sein, daß sie beim Abschrauben kaputt gehen. Deshalb: Ein Sortiment passender Dichtungsringe sollten Sie immer im Haus haben.

3 Wenn Ihr Abfluß am Waschbecken verstopft ist, werden Sie in den meisten Fällen den **Geruchsverschluß** unter dem Waschbecken aufschrauben und reinigen. Auch hier befinden sich einige Dichtungen, die nach dem Zusammenbau nicht mehr unbedingt dicht sein können. Achten Sie darauf, daß Sie die passenden Dichtungsringe im Haus haben.

4 Quetschdichtungen an Eckventilen oder auch an Kleinboilern unter dem Waschbecken werden nur dann gelöst, wenn eines der Teile ausgebaut werden muß (z. B. beim Austausch eines Waschbeckens). Quetschdichtungen bestehen aus vier Teilen: aus einer Überwurfmutter mit konischem Ende; aus einem konischen Messingring, der aufgeschnitten ist und beim Anziehen der Überwurfmutter das Kupferrohr fixiert; aus einer dünnen Messingscheibe; aus einem Gummiring, der beim Anziehen der Überwurfmutter zusammengequetscht wird und abdichtet. Es gibt ein anderes System, das Gummiring, Scheibe und Ko-

Materialkunde: Die wichtigsten Austauschteile und Hilfsmittel

nus durch eine einzige Plastikhülse ersetzt. Gummidichtung nach jeder Demontage auswechseln.

Wenn Sie nach der Wasseruhr einen **Feinfilter** eingebaut haben, muß auch dieser von Zeit zu Zeit gewechselt bzw. ausgewaschen werden. Zum Lösen des Schauglases benötigen Sie einen speziellen Schlüssel, der mitgeliefert wird. Versuchen Sie nicht, das Glas mit einer großen Rohrzange zu lösen. Das Glas könnte zerbrechen.

5, 6 Gewinde von Wasserhähnen, Eckventilen, Verlängerungen oder Rohren, die direkt in ein Innengewinde eingedreht werden, müssen vorher mit **Hanf** umwickelt und mit **Dichtungspaste** bestrichen werden. Außerdem können Gewinde mit **Dichtungsbändern** aus temperaturbeständigen Kunststoffen umwickelt werden. Hanf hat den Vorteil, daß Sie das eingeschraubte Teil ohne weiteres auch wieder ein Stück herausdrehen können, ohne daß die Verbindung undicht wird. Bei Dichtbändern aus Kunststoff ist dies meist nicht möglich. Besser, Sie ersetzen dann das Dichtmaterial. Auf jeden Fall sollten Sie Hanf, Dichtungspaste und -band immer im Hause haben.

4

5

6

Materialkunde: Von Armaturen, Duschen und Ventilen

Streifzug durch die Welt der Hähne

Wannenfüll-Batterie in modernem Design

Thermostat-Armaturen sparen Energie

Praktisch und aus der modernen Sanitärinstallation kaum mehr wegzudenken: die **Einhebelmischbatterien.** Im Sanitärfachhandel sowie in Baumärkten finden Sie ein reichhaltiges Angebot an ganzen Serien für Waschtisch, Wanne, Dusche und Bidet. Achten Sie auf **flexible Anschlüsse** anstelle von Kupferrohren. Das erleichtert die Montage. Welches Modell Sie wählen, ist letztendlich eine Geschmacksfrage.

Der Clou bei Wannenfüll- und Duschbatterien ist das **Thermostat-Modell:** Automatisch hält der Thermostat die von Ihnen gewählte Temperatur in sehr engen Toleranzen. Auch bei plötzlichen Schwankungen im Leitungsdruck! Diese Automatik hilft übrigens auch Energie sparen. Um Wassertemperaturen über 38° Grad zu erreichen, müssen Sie einen roten Sicherheitsknopf drücken. Verbrennungsgefahr ausgeschlossen.

Auch beim **Duschen** hat der Komfort Einzug gehalten: Sie können wählen zwischen **Standard-Brauseköpfen** und **High-Tech-Geräten** mit bis zu acht verschiedenen Duschprogrammen. „Duschen à la carte" nennt ein Hersteller ein solches Edelteil. Sie können sich also Ihr persönliches Fitness-

Materialkunde: Von Armaturen, Duschen und Ventilen

programmm während der Morgendusche selbst zusammenstellen. Dazu brauchen Sie lediglich nur jeweils leicht am Brausekopf zu drehen - und ein ganzes Fitness-Programm läuft ab. Der Roessler-Strahl (1) weckt die Lebensgeister und ist das Startprogramm für intensive Hautvitalisierung. Anschließend die kräftige Massage durch den pulsierenden Massagestrahl (2) mit Klopfwirkung. Zum Auflockern und Entspannen stellen Sie den breiten Sprüh- und Massagestrahl (3) ein. Ein kurzes Weiterdrehen und scharf gebündelte Massagestrahle (4) bearbeiten gezielt verspannte Muskelpartien und rücken den Fettpölsterchen zu Leibe. Der weich perlende Strahl (5) mit Wasser-Luft-Gemisch ist ideal für die Haarwäsche und zum anschließenden Fit-Brausen.

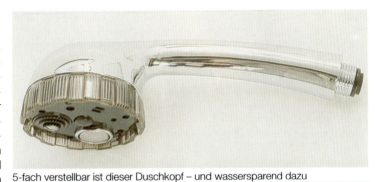

5-fach verstellbar ist dieser Duschkopf – und wassersparend dazu

1

2

3

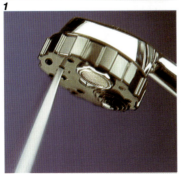

4

5

Materialkunde: Rohrarmaturen im Brauchwassersystem

Damit alles seine Ordnung hat

Wasseruhr, Absperr- und Überdruckventile, Rücklaufverhinderer, Rohrbe- und -entlüfter, Filter, Druckminderer usw. sind Armaturen, die zwischen die Rohre des **Brauchwassersystems** integriert werden. Sie haben deshalb auf beiden Seiten Innengewinde. Häufig sind sie auch durch Verschraubungen mit Ringdichtung in das Leitungsnetz eingesetzt. Dies ermöglicht ein leichtes Auswechseln, ohne mehrere Meter Rohr abschrauben zu müssen.

1 Die **Wasseruhr** wird von den Versorgungsunternehmen angebracht bzw. verplombt. Vor der Wasseruhr in Fließrichtung darf selbstverständlich keine Möglichkeit bestehen, Wasser ungezählt abzuzapfen.

2 **Absperrventile** befinden sich an vielen Stellen im Leitungssystem: vor und nach Wasseruhren, Filtern, Druckminderern, am Ausgangspunkt einer Steigleitung usw. Sie gibt es mit und ohne Wasser-Ablaßventil. Achten Sie beim Einbau unbedingt auf die Fließrichtung: Der Wasserdruck muß gegen die Dichtung auf der Seite des Ventilsitzes drücken.
Anderenfalls würde sich die Dichtung beim Aufdrehen nicht vom Ventilsitz lösen und abreißen.

Rückflußverhinderer sind überall dort eingebaut, wo Gefahr besteht, daß das Wasser entgegen der Fließrichtung laufen könnte. Diese Armatur ist im Prinzip wie ein Absperrventil gebaut, nur wird die Spindel durch eine Andruckfeder ersetzt. Der Wasserdruck überwindet den Federdruck, und das Wasser kann durchfließen, aber nur in eine Richtung. Druckminderer haben zusätzlich einen integrierten Grobfilter, der bei Störungen oder Verschmutzung zu reinigen ist.

Rohrbe- und **-entlüfter** werden am obersten Punkt von Steigleitungen angebracht. Beim Auffüllen des Leitungssystems kann hier die Luft aus den Rohren entweichen. Sobald das Wasser die Armatur erreicht, wird ein Schwimmer hochgedrückt und verschließt mittels einer Dichtung die Auslaßöffnung. Beim Ablassen des Wassers durch Öffnen des Ablaßventils im Keller (nach Schließen des Absperrventils!) geht der Schwimmer wieder nach unten und läßt Luft einströmen. Dadurch wird die Beschädigung von Armaturen durch Unterdruck verhindert.

1

2

Materialkunde: Kupferrohre und Lötfittings

Die richtige Verbindung

Mit **Kupferrohren, Fittings** und dem **Lötkolben** sollten Sie sich nur auseinandersetzen, wenn Sie bereits einschlägige Erfahrung haben. Bessere und schnellere Resultate erzielen Sie mit den modernen **Kunststoffleitungen,** deren Einbau ausführlich ab Seite 46 beschrieben wird.

Zum Verbinden von Kupferrohren benötigen Sie sog. Fittings. In diese werden die Rohrenden eingelötet. Das **Lötverfahren** ist dem Schweißen verwandt. Die Lötstücke werden mit dem **Lot** (einer bestimmten Metallegierung), **Lötfett** (einem Lösungsmittel für Metalloxyde) und **Wärme** fest verbunden. Im Unterschied zum Schweißen, wo ein Zusatzwerkstoff und der Grundwerkstoff verschmelzen, bleibt der Grundwerkstoff, in diesem Fall das Kupferrohr, fest. Nur das Lot breitet sich aus und bindet. Es gibt zwei verschiedene **Lötverfahren.** Beim **Weichlöten** liegt die Arbeitstemperatur unter 450° Celsius. Für den Heimwerker ist das die leichtere Methode. Beim **Hartlöten** liegt die Arbeitstemperatur über 450° Celsius. Arbeitstemperatur ist die Temperatur, bei der das Lot benetzt, fließt und bindet. **Hartlöten ist zwingend vorgeschrieben bei Gas- und Ölinstallationen und Warmwasser-Heizungsinstallationen mit einer Vorlauftemperatur von über 100° C.** Bei Kalt- und Warmwasser-Installationen können Sie sowohl weich- als auch hartlöten. Für **Kaltwasserleitungen** genügt Lötzinn L-Sn 50 Pb, für **Warmwasser** muß Lötzinn L-Sn 95 Pb verwendet werden.

Umfangreiches Material an Kupferrohren und Lötfittings in jeder Form gibt es im Baumarkt

Materialkunde: Badelemente und ihre Anwendung

...und so kann es auch bei Ihnen aussehen

Elegant und pflegeleicht: ein Bad auch für den täglichen „Familien-Streß"

Schaffen Sie sich das Bad als eine Oase der Entspannung im Alltag. Dort, wo der Tag anfängt und aufhört. Zwar war die Badekultur in unserer Zeit immer mehr der Schnelldusche gewichen, doch immer mehr Menschen besinnen sich wieder auf das Erlebnis Bad. Ort der Entspannung und Kommunikation war das Bad schon für die Ägypter, Babyloner, Griechen und Römer. Öffentliche Badeanstalten, private Luxusthermen als Pendant zum Kaffeehaus. Zeit für Entspannung, Gespräche, einfach zum Wohlfühlen. Der Fachhandel bietet so viele Einzelelemente an Ausstattung und auch Möbeln, allesamt miteinander kombinierbar, daß Ihrem Traumbad nichts mehr entgegensteht. Ob Sie sich ganz im neuen **Trend** mit **tollen Designs** und **kräftigen Farben** einrichten möchten oder **Tips fürs Mini-Bad** suchen, nach dem Motto „viel Komfort auf kleinstem Raum", oder pfiffige Renovierungs-Ideen, um Ihr Bad von der **Naßzelle** zum **Traumbad** umzugestalten - an diesen Beispielen können Sie sich orientieren. Wenn Sie Ihr Traumbad gestaltet haben, können Sie sich zurücklehnen, entspannen, ausruhen - und vielleicht gleich ein bißchen weiterplanen.

Materialkunde: Badelemente und ihre Anwendung

Verschiedene Farbtöne kombiniert bieten unendliche Gestaltungsmöglichkeiten

Materialkunde: Badelemente und ihre Anwendung

Weiß-rot: Farben, die Frische und Fröhlichkeit ins Bad bringen

Materialkunde: Badelemente und ihre Anwendung

Einfache Tips fürs Minibad

Gerade kleine Bäder, oft nur auf 4 oder 5 Quadratmetern unter der Dachschräge untergebracht, verlangen Ideen. In diesem Bad sind einige kleinere Details eingebaut, die das Leben erleichtern.

• Ein rechteckiger Spiegel hätte unter der schräg nach oben laufenden Leuchtstoff-Lampe keinen Platz gehabt. Die runden, die es im Fachhandel gab, wirkten zu mickerig. Dieser 8-eckige bringt genügend Spiegelfläche, um sich richtig zu sehen.

• Herkömmliche Handtuchhalter blieben immer in der Tür hängen, verbogen, die Handtücher lagen am Boden. Dieses Modell nimmt praktisch keinen Platz vom Raum weg, klappt, wenn die Tür auf- bzw. zugemacht wird auf die Seite, die Handtücher bleiben immer sicher in der Spange hängen.

• Praktisch auch die Glasborde. Sie zeigen übersichtlich die Toilettenartikel und nehmen dabei kaum Raum weg. Ein Spiegelschrank würde nur stören.

Praktisch: Im Minibad ist alles greifbar

Materialkunde: Badelemente und ihre Anwendung

Praktisch und formschön: Hier macht Duschen Spaß!

Darauf können Sie bauen!

COMPACT-PRAXIS »do it yourself«

- Jeder Band mit über 200 Abbildungen und instruktiven Bildfolgen – alles in Farbe.

- Übersichtliche Symbole für Schwierigkeitsgrad, Kraftbedarf, Zeitaufwand u.v.m. – alles auf einen Blick.

- Anwenderfreundliche Komplettanleitungen für alle wichtigen Heimwerker-Arbeiten – keine schmalen Einzelthemen.

- Mit besonders hervorgehobenen Sicherheits-, Profi- und Ökotips.

Über 50 Titel lieferbar. Bitte fordern Sie unseren Prospekt an!

DM 19,80

Compact Verlag GmbH
Züricher Straße 29
81476 München
Telefon: 0 89/74 51 61-0
Telefax: 0 89/75 60 95

Materialkunde: Werkzeuge und Hilfsmittel

Die wichtigsten Werkzeuge

Auf diesen beiden Seiten finden Sie Kurzbeschreibungen der wichtigsten Werkzeuge, die Sie benötigen, um selbst Sanitäranlagen installieren zu können. Welche Werkzeuge Sie für die einzelnen Arbeitsgänge brauchen, ersehen Sie aus den Abbildungen unter der Rubrik »Werkzeuge«, die im Kasten bei den jeweiligen Arbeitsanleitungen stehen.

Werkzeuge zum Messen und Richten

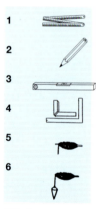

1 Meterstab: 2 m lang, zum Abmessen von Längen.

2 Bleistift: Zum Anzeichnen von Meßpunkten.

3 Wasserwaage: Unerläßlich, um die Horizontale bzw. Vertikale festzulegen.

4 Winkelmaß: Zum Ausrichten von Fliesen etc.

5 Richtschnur: Zum Festlegen von Fluchten und Höhen bei der Montage.

6 Senklot: Zum Bestimmen vertikal übereinanderliegender Punkte brauchen Sie ein Senklot.

Werkzeuge zum Greifen

7 Schraubenzieher und Gabelschlüssel: Zum Anziehen und Lösen von Schrauben mit einfachem oder Kreuzschlitz bzw. mit Sechskantkopf.

8 Ringschlüssel: Umfassen den Schraubenkopf vollständig, rutschen deshalb selten ab.

9 Inbusschlüssel: Für Schrauben mit Innensechskant.

10 Standhahnschlüssel: Spezialschlüssel zum Anziehen von Verschraubungen an Standhähnen unter Wasch- oder Spülbecken.

11 Bandschlüssel: Gedacht zum Lösen von Ölfilterpatronen an Kraftfahrzeugen. Auch gut geeignet zum schonenden Lösen von Geruchsverschlüssen an Waschbecken.

12 Ventilschlüssel: Spezialschlüssel zum Einschrauben von Heizkörpernippeln in den Anschlußstopfen von Heizkörpern.

13 Steckschlüssel: Besonders geeignet, wenn ein Sechskant nur von oben erreichbar ist.

14 Ratsche und Nüsse: Der Ratschensatz erleichtert die Arbeit erheblich, da beim Schrauben das lästige Umgreifen entfällt.

15 Telefonzange: Spitz zulaufende Zange mit langen Greifbacken. Sie eignet sich zum Fassen schlecht zugänglicher Teile.

Werkzeuge zum Sägen und Schneiden

16 Eisensäge: In den Metallbügel können Sie die Metallsägeblätter in vier verschiedene Richtungen einspannen. Sie wird hauptsächlich zum Absägen von Metallrohren benutzt.

17 Puk-Säge: Kleine handliche Ausführung der Eisensäge mit einem sehr kleinen Sägeblatt; besonders gut geeignet zum Absägen von Kupferrohren.

18 Rohrabschneider: Er dient zum sauberen Trennen von Kupferrohren. In schwerer Ausführung auch für Stahlrohre geeignet. Häufig sind im Griff Entgratungsklingen integriert.

Materialkunde: Werkzeuge und Hilfsmittel

19 Wasserrohrzange. Unentbehrliches Gerät für alle Sanitärarbeiten im ganzen Haus

Werkzeuge zum Glätten und Reinigen

20 Feilen: Eignen sich zum Abtragen und Glätten von Metallteilen.

21 Ventilsitzfräser: Dient zum Abgleichen oder Nachfräsen von Ventilsitzen. Es können unterschiedliche Fräsköpfe aufgesetzt werden.

22 Reinigungswelle: Ideal, um verstopfte Stellen innerhalb des Abwasser-Rohrsystems zu reinigen. Erhältlich in verschiedenen Stärken und Längen.

23 Pinzette: Sehr gut geeignet zum Entfernen von Schmutzteilchen an schwer zugänglichen Stellen.

24 Draht-Bürste: Dient zum Entfernen von Korrosion und grobem Schmutz auf Metallteilen.

25 Pinsel: Universalwerkzeug zum Entfernen von Staub und lockeren Ablagerungen.

26 Stahlwolle: Zum Reinigen von Metalloberflächen; besonders beim Verlöten von Kupferrohren werden die zu verbindenden Teile sorgfältig damit abgerieben.

Weitere wichtige Werkzeuge

27 Lötbrenner: Zum Löten bei Rohrenden und Fittings.

28 Schraubstock: Universalspanngerät.

29 Rohrspann- und Biegegerät: Zum Absägen, Biegen und Gewinde aufdrehen bei Rohren. Die Spannbacken sind keilförmig und greifen ineinander über. Dadurch wird das Werkstück an vier Punkten gehalten und kann sich nicht verformen.

30 Hammer: Universalwerkzeug

31 Schraubendreher: Es gibt Flach- oder Kreuzschlitzschraubendreher.

32 Schleifpapier: Benötigen Sie zum Entgraten und Glätten.

33 Schere: Allzweckschneider zum Zuschneiden.

34 Schieblehre: Damit können Sie Außen- und Innendurchmesser z.B. von Rohren genau bestimmen.

35 Elektro-Bohrmaschine: Eignet sich zum Bohren verschiedener Materialien, wenn Sie die richtigen Bohrsätze zur Hand haben. Außerdem gibt es im Handel zahlreiche Vorsätze zum Vorspannen, mit denen Sie die Einsatzmöglichkeit Ihrer Maschine erheblich erweitern können.

36 Baueimer: Für den Materialtransport, z.B. durchs Haus, auch zum Anmachen von Mörtel.

37 Messer: Universalwerkzeug

Hilfsmittel zum eigenen Schutz

38 Gummihandschuhe: Benötigen Sie zum Verfugen. Keine zu dicken Handschuhe verwenden.

39 Arbeitshandschuhe: Schützen die Hände beim Tragen von scharfkantigen Werkstücken vor Verletzungen.

 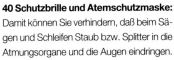

40 Schutzbrille und Atemschutzmaske: Damit können Sie verhindern, daß beim Sägen und Schleifen Staub bzw. Splitter in die Atmungsorgane und die Augen eindringen.

Grundkurs: Wasser absperren

Bevor Sie den Schraubenschlüssel schwingen...

Nachdem Sie alles nötige Material und Werkzeug beschafft haben, legen Sie sich Ihr Werkzeug und alles Material zurecht. Verwenden Sie in jedem Fall eine Unterlage. Zum einen schonen Sie damit den Fliesenbelag, und zum anderen hat auch jedes noch so kleine Teilchen seinen Platz, und Sie finden alles ohne langes Suchen.

Bevor Sie sich an die Arbeit machen können, müssen Sie in jedem Fall die Wasserzufuhr unterbrechen. Dazu gibt es mehrere Möglichkeiten.

Absperren am Eckventil
1 Wenn die vorhandenen **Eckventile** nicht ausgetauscht werden sollen, geht das ganz einfach. Diese Ventile können Sie wie einen Wasserhahn zudrehen. Einige Ausführungen sind mit einer Kappe versehen, die Sie zuerst mit der Hand oder mit der Pumpenzange abziehen müssen. Achten Sie darauf, daß Sie die Kappe mit der Zange nicht beschädigen. Die Ventilspindel hat einen Schraubenschlitz. In diesem Fall können Sie das Eckventil mit einem Schraubenzieher schließen.

Absperren am Absperrventil
2 Wenn Sie die Eckventile erneuern wollen, reicht es natürlich nicht aus, diese nur zuzudrehen. Sie müssen dann die **Wasserzufuhr** zu den Eckventilen unterbrechen. Oft sind im Bad, im WC oder irgendwo in der Wohnung gesonderte Ventile installiert. Ist das nicht der Fall, wie etwa in Einfamilienhäusern, müssen Sie in den Keller gehen.

Absperren am Hauptwasserhahn
3 Der Hauptwasserhahn befindet sich im Keller, meist gleich hinter der Wasseruhr. In größeren Miethäusern müssen Sie dann die entsprechenden Ventile in der Verteilerstation oder an der Kellerdecke absperren. Öffnen Sie danach an der obersten Stelle der abgesperrten Rohrleitungen eine Mischbatterie. Wenn Sie nun am Ventil den kleinen Entleerungshahn öffnen, fließt sämtliches Wasser ab, das noch in den Rohrleitungen steht.

4 Halten Sie aber einen Eimer unter den Hahn oder schieben Sie einen Schlauch auf, um das Wasser abzuleiten. Halten Sie zur Not ein Reservegefäß bereit, denn man weiß nie so ganz genau, wieviel Wasser in den Leitungen steht.

Wichtig: Wenn Sie dadurch gleich mehreren Nachbarn das Wasser abdrehen, sollten Sie zuvor rechtzeitig alle Betroffenen informieren. Stellen Sie das Wasser nur so lange ab, wie unbedingt nötig. Sie können dann den Hauptwasserhahn wieder öffnen und das Wasser für die anderen Verbrauchsstellen wieder freigeben. Zuerst sollten Sie dann die Eckventile montieren und abschließen. Anschließend können Sie den Hauptwasserhahn wieder öffnen – das Wasser läuft wieder durch alle anderen Leitungen, die Nachbarn haben Wasser und Sie können in aller Ruhe alle weiteren Installations- und Montagearbeiten durchführen.

SICHERHEITSTIP
Hängen Sie ein Schild an das Ventil, damit niemand das Wasser wieder anstellt, während Sie noch an den offenen Leitungen arbeiten. Bevor Sie dann mit Ihrer Arbeit beginnen, sollten Sie aber in jedem Fall an der Mischbatterie überprüfen, ob das Wasser auch tatsächlich abgestellt ist. Das erspart Ihnen eventuell unliebsame Überraschungen...

Grundkurs: Wasser absperren

1

2

3

4

Grundkurs: Fliesen von A – Z

Ohne Fliesen geht nichts

Selbst Fliesen kleben ist gar nicht so schwer

1, 2 Gerade im Bereich einer Duschkabine müssen Fliesen wasserdicht geklebt werden. Im Handel gibt es dazu Spezialkleber, den Sie mit einem sog. Korbrührer kräftig durchrühren. Erst spachteln Sie den Klebstoff, in der Ecke beginnend. In die frische Spachtelschicht betten Sie ein Dichtungsband ein.

3 Dann bearbeiten Sie auf gleiche Weise die Fugen zwischen Wand und Boden, auch hier Dichtband einlegen. Dann wird die Wand etwa 2 mm dick gespachtelt.

4 Die Untermauerung aus Gasbetonsteinen für die Duschwanne wird aufgestellt und mit dem Kleber befestigt. Einen Tag pausieren, damit alles gut durchtrocknet.

5 Jetzt können Sie mit dem Fliesen beginnen. Dazu den Kleber großflächig mit einer Zahnspachtel auftragen.

6, 7 Mit dem Kleben der Fliesen beginnen Sie an der äußeren Ecke. Jede Fliese sitzt sofort. Unterstützung ist nicht nötig, sollten Sie aber Schwierigkeiten mit dem Abstand haben, sollten Sie **Fugenkreuze** einsetzen. Auch bei der Duschwanne an der Ecke beginnen.

Grundkurs: Fliesen von A – Z

45

Grundkurs: Fliesen von A – Z

Diese Dusche ist wasserdicht und flexibel geklebt

8, 9 Nach einem Tag können Sie mit Fugenweiß ausfugen und dauerelastisch abdichten.

10, 11 Wenn Sie eine Duschecke aus Spanplatten aufbauen, müssen Sie zuerst eine Art „flüssige" Schutzfolie auftragen. Eine Grundierung ist dabei nicht nötig. Ganz sorgfältig müssen Sie an den Ecken und Kanten arbeiten. Dazu wird ein Gazestreifen eingebettet. Darüber kommt dann noch ein zweiter Anstrich.

12, 13 So vorbereitet kämmen Sie Fliesenklebstoff auf und kleben die Fliesen wie oben beschrieben.

14 Wenn Ihnen Ihre alten Fliesen nicht mehr gefallen, müssen Sie nicht unbedingt alle Kacheln von der Wand schlagen. Es gibt inzwischen Spezialkleber, mit denen Sie neue Fliesen direkt auf alte kleben können.

15 Dazu tragen Sie zuerst mit einer Glättkelle den Kleber auf die alten Fliesen auf, in gleichmäßig dünner Schicht.

16, 17 Auf die durchgetrocknete Spachtelschicht wird eine zweite Lage des Klebers mit einer Zahnspachtel aufgezogen, dann

Grundkurs: Fliesen von A – Z

Grundkurs: Fliesen von A – Z

können Sie mit dem Fliesen beginnen.

17 - 19 Starten Sie wiederum an der Ecke, und zwar so, daß die linke Kante der rechten Fliese bündig mit der linken Fliese abschließt.

20 Sind die Fliesen geklebt und der Kleber trocken, können Sie den Fugenmörtel mit einem Gummiwischer diagonal zum Fugenverlauf einschlämmen.

SICHERHEITSTIP
Müssen Sie in Fliesen bohren, sollten Sie die Bohrstelle leicht ankörnen, damit der Bohrer nicht verrutscht.

21 Dann mit Schwamm und Leitungswasser säubern sowie kleine Unebenheiten egalisieren.

22 Die Fuge zwischen Wanne und unterer Fliesenreihe sollten Sie dauerelastisch abdichten. Dazu die Masse gleichmäßig durch die Auspreßpistole in die Fuge spritzen.

23, 24 Einige Spritzer Spülmittel in Leitungswasser geben, den Finger damit anfeuchten und die Fuge damit glätten. Letzte Korrekturen innerhalb von 10 Minuten möglich.

Grundkurs: Löten von Kupferrohren

Leitungsbau wie ein Profi

1, 2 Schneiden Sie das Kupferrohr rechtwinkelig auf die nötige Länge ab. Am besten geht das mit einem Rohrabschneider. Entgraten Sie die Rohrenden und schleifen Sie sie mit Stahlwolle metallisch blank.

PROFITIP
- Nicht zu hoch erwärmen, sonst verbrennt das Flußmittel, das Lot tropft ab.
- Rohr- und Fittingsenden blank schleifen, sonst bindet das Lot nicht.
- Vor dem eigentlichen Löten ein paar Versuche machen.

Tragen Sie Lötfett gleichmäßig dünn nur auf das Rohrende auf. Das Lötfett beseitigt Oxydhäute und hält auch während des Lötens die Lötfläche oxydfrei. Statt Lötfett können Sie auch Fittinglötpaste verwenden. Sie enthält Lötflußmittel und Lötzinn. Es muß daher nur eine geringe Menge Lot dazu gegeben werden. Das Vorreinigen der Lötstelle entfällt.

3 Schieben Sie das Rohrende bis zum Anschlag in den Fitting. Erwärmen Sie mit mittlerer Flamme die Lötstelle gleichmäßig, bis bei abgewendeter Flamme das Lot am Fittingrand schmilzt. Achten Sie darauf, daß das Flußmittel (Lötfett) durch zu hohe Erwärmung nicht verbrennt. Das Lot kann sonst nicht benetzen und tropft ab.

4 Lassen Sie das Lot bei abgewendeter Flamme so lange am Fittingsrand, dem sog. Lötspalt, ansaugen, bis der Lotring geschlossen ist. Das Lot wird durch die Kapillarwirkung in den Lötspalt zwischen den Verbindungsflächen gesaugt und steigt je nach Lage auch gegen die Schwerkraft nach oben. Die Lotmenge, die Sie in etwa benötigen, entspricht dem Rohr-Außen-Durchmesser. Lassen Sie dann die Lotstelle abkühlen, bis das Lot erstarrt ist. Dann werden Flußmittelreste mit einem nassen Lappen oder einer Bürste entfernt. Sie vermeiden dadurch Korrosion.

2

3

1

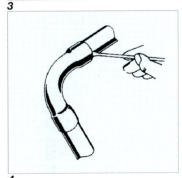

4

Arbeitsanleitung: Leitungssystem aus Kunststoff

Immer frisches Wasser

Material

Trinkwasserleitungssysteme aus flexiblen VPE-Rohr werden im Fachhandel als Systeme angeboten. Gute Planung ist Voraussetzung für den Kauf.

Werkzeuge

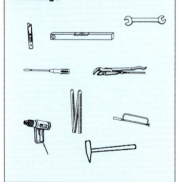

Schwierigkeitsgrad

0 1 2 3

Kraftaufwand

0 1 2 3

Arbeitszeit

Die Arbeitszeit hängt ganz vom Umfang Ihrer geplanten Installation ab.

Ersparnis

Pro Handwerkerstunde sparen Sie Lohnkosten in Höhe von etwa 70 - 80 Mark.

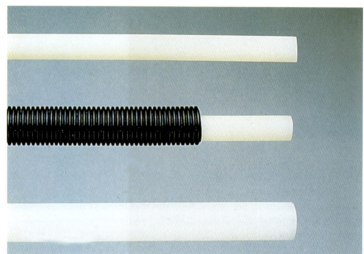

1

2

Arbeitsanleitung: Leitungssystem aus Kunststoff

Dieses Leitungssystem für warmes und kaltes Trinkwasser ist vom Deutschen Verein des Gas- und Wasserfaches e.V. (DVGW) zugelassen und entspricht der DIN 1988. Die Rohre und Fittings brauchen Sie nur ineinanderzustecken und zu verschrauben. Löten, Kleben, Schweißen oder Gewindeschneiden sind Vergangenheit.

1 Die Rohre (16 x 2,2 mm bzw. 25 x 3,5 mm) der Trinkwasserleitung sind aus vernetztem Polyethylen PE-Xc. Dieser Kunststoff macht die Rohre fließgeräuscharm und bringt nur einen geringen Wärmeverlust. Auch nach Jahren sind sie frei von Kalkablagerungen und Lochfraß.

2 Für die moderne Hauswasserinstallation gibt es im Sortiment Messing-Fittings als Schraubverbinder. Die Klemmringverschraubung ist dauerhaft dicht und sie kann bei Bedarf auch unter Putz gelegt werden. Eine Teflonabdichtung ist nicht notwendig.

3 Für den Anschluß an ein bestehendes Kupferrohrsystem gibt es spezielle Kupferrohradapter. Dadurch ist eine Verbindung von Kunststoff- und Kupferrohren problemlos möglich.

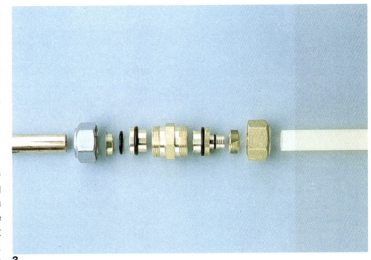
3

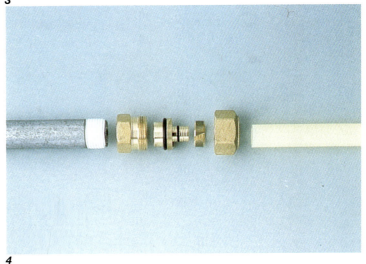
4

Arbeitsanleitung: Leitungssystem aus Kunststoff

5

6

4 Auch verzinkte Eisenrohre lassen sich mit Kupplungsstücken problemlos an die PE-Xc Rohre anschließen, d.h. Sie können eine vorhandene Trinkwasserleitung problemlos erweitern.

5 Das Trinkwasserleitungssystem wird stockwerkweise verlegt. Getrennte Steigleitungen (für warmes und kaltes Wasser) werden vom Keller in die einzelnen Stockwerke geführt, von dort werden dann die Armaturen versorgt.

6 Der Verteilerkasten kann sowohl auf als auch unter Putz verlegt werden.

7 In die Verteilerkästen passen jeweils bis zu 7 Abgänge, getrennt für Warm- und Kaltwasser.

8 Die Steigleitungen werden an die jeweiligen Verteiler angeschlossen. Mit dem Absperrhahn kann gegebenenfalls das Warm- bzw. Kaltwasser abgestellt werden.

9 Nicht benötigte Verteilerabgänge werden mit einer Blindkappe verschlossen und können bei Bedarf genutzt werden, z.B. wenn Sie das Wassernetz in Ihrer Wohnung erweitern möchten.

Arbeitsanleitung: Leitungssystem aus Kunststoff

7

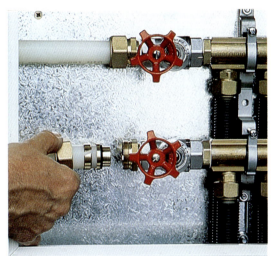

8

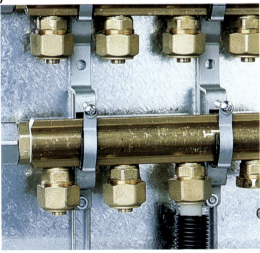

9

10

Arbeitsanleitung: Leitungssystem aus Kunststoff

11

12

13

14

10 Den Verteilerblindstopfen 3/4" brauchen Sie lediglich mit einem Maulschlüssel anzuziehen. Die eingelegte Dichtung garantiert für Sicherheit.

11 Schrauben Sie jetzt die Messingwinkel aus den Sanitäranschlußdosen heraus und befestigen Sie das Kunststoffgehäuse auf der Montageschiene.

SICHERHEITSTIP
Unbedingt beachten:
links Warmwasser, rechts Kaltwasser! Verdrehte Armaturen sind ein Sicherheitsrisiko. Verbrennungsgefahr!

12 Auf der Montageschiene sind die Sanitäranschlußdosen stufenlos verstellbar. Sie müssen genau im Abstand Ihrer Armatur montiert werden.

13 Die Sanitäranschlußdosen mit einer Wasserwaage ausrichten.

14 Messingwinkel und PE-Xc Rohr werden miteinander verbunden. Leichter geht das, wenn Sie die Rohrenden mit heißem Wasser oder mit dem Fön anwärmen. Mit

Arbeitsanleitung: Leitungssystem aus Kunststoff

einem Maulschlüssel handfest anziehen. Der Abdrückstopfen dient als Hebel.

15 Messingwinkel in die Sanitäranschlußdose setzen, mit zwei Schrauben verbinden.

16 Mit der Doppelanschlußdose kann die Kaltwasserleitung z.B. weiter zum WC-Spülkasten gelegt werden. Das Kunststoffrohr sollte nie rechtwinklig aus der Wand geführt werden, um die volle Ausdehnung zu ermöglichen. Die Rohre werden mit Bodenschellen am Boden befestigt.

17 Montagesatz für die Vorwandinstallation. In der Altbausanierung wird häufig eine 1/2-steinige Wand vorgemauert. Die Sanitäranschlußdose wird mit diesem Zubehör sicher und fest am alten Mauerwerk befestigt. Wandabstand 13 - 18 cm stufenlos.

18 Montagering für Leichtbauwände (Gipskarton etc.): Verschraubung erfolgt durch die Leichtbauwand mit dem Messingwinkel und der Sanitäranschlußdose. Eine Bohrschablone wird mitgeliefert. Die Montage muß vor der endgültigen Wandbefestigung erfolgen.

15

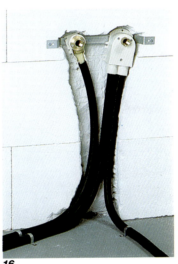
16

17

18

Arbeitsanleitung: Waschbeckenmontage

Gut gedübelt hält besser

Material

Waschbecken, 2 Dübel 14/75 für Beton, Voll- und Hohlmauerwerk, 2 Stockschrauben M 10 x 140, 2 Kunststoffunterlegscheiben mit Bund, 2 Metall-Unterlegscheiben, 2 Muttern M 10, Silikon zum Verfugen.

Werkzeuge

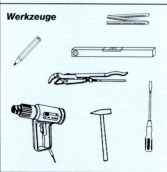

| Schwierigkeitsgrad | 0 — 1 — 2 — 3 (2) |
| Kraftaufwand | 0 — 1 — 2 — 3 (2) |

Arbeitszeit

Für die komplette Montage eines Waschbeckens sollten Sie gut 2 Std. veranschlagen.

Ersparnis

Sie sparen durch Ihre Eigenleistung 2 Handwerkerstunden, also rund 160 Mark.

1 Zuerst müssen Sie die Position für die Stockschrauben festlegen. Dazu brauchen Sie folgende Maße: Abstand der Schrauben zueinander, Abstand der Schrauben zur Beckenmitte und Höhe der Schraubenlöcher. Dann bohren.

PROFITIP

Die Höhe der Bohrlöcher ermitteln Sie so: Höhe der späteren Waschbeckenoberkante (Richtmaß 850 mm über Boden) - Abstand Oberkante Waschbecken - Mitte des Befestigungsloches. Den Abstand der Schrauben zueinander messen Sie von Lochmitte zu Lochmitte des neuen Beckens.
Die Position der Bohrlöcher markieren Sie mit einer Wasserwaage auf der Wand.

1

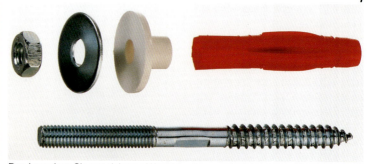

Das brauchen Sie zur sicheren Waschbeckenmontage

Arbeitsanleitung: Waschbeckenmontage

2 Die Stockschrauben haben auf der einen Seite ein Holzgewinde, auf der anderen ein metrisches Gewinde (s. Abb. S. 56 unten). Das Holzgewinde drehen Sie in den Dübel ein. Zur Arbeitserleichterung werden zwei Muttern auf den Gewindebolzen gedreht und gekontert. So kann der Bolzen leicht in den Dübel gedreht werden. (Dazu gibt es im Fachhandel auch Spezialwerkzeug.) Sitzt der eine Bolzen fest, lösen Sie die Muttern und verfahren mit dem zweiten ebenso.

SICHERHEITSTIP
Da Porzellan schnell bricht, müssen Sie unbedingt darauf achten, daß das Becken eben an der Wand anliegt und die Muttern gefühlvoll festgezogen werden.

3 Danach stecken Sie das Waschbecken auf die Bolzen, schieben die Kunststoff-Unterlegscheiben mit Bund über die Bolzen, damit das Porzellan nicht auf dem blanken Stift aufliegt, schieben dann die Metallunterlegscheiben auf, setzen die Muttern drauf und ziehen sie fest. Mit der Wasserwaage prüfen, ob das Becken auch wirklich richtig sitzt - fertig.

Arbeitsanleitungen: Montage Armaturen 1

Damit auch Wasser fließt...

Diese Arbeitsanleitung gilt für alle Montage-Anleitungen bis Seite 71

Material

Armaturen mit Dichtungen etc., Eckventile (meist schon montiert), Ventil mit Stopfen und Exzentergestänge, Geruchsverschluß.

Werkzeuge

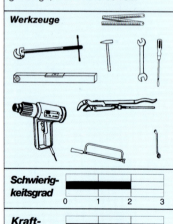

Schwierigkeitsgrad

Kraftaufwand

Arbeitszeit

Pro Armatur benötigen Sie rund eine Stunde Arbeitszeit.

Ersparnis

Bei der Montage einer Armatur können Sie rund 70 Mark (eine Arbeitsstunde) sparen.

Der Waschtisch ist nun befestigt. Jetzt heißt es, noch die **Mischbatterie** und das **Abwassersystem** zu montieren. Im modernen Bad sind die Stopfen der Abwassereinrichtung aus Metall und werden von der Mischbatterie aus betätigt.

1 Führen Sie die Mischbatterie von oben in das Loch des Waschtisches ein. Die Dichtung nicht vergessen: Oben liegt immer die beigefügte weiche Dichtung, damit kein Wasser durchlaufen kann.

2, 3 Mischbatterien für Waschtische werden üblicherweise von unten verschraubt. Dazu hat dann die Batterie ein äußeres Gewinde mit einem Durchmesser von zumeist 26 mm. Um die Mutter fest auf dieses Gewinde drehen zu können und fest an das Becken anzuziehen, verwenden Sie am besten einen sog. **Standhahnschlüssel**.

4 Wenn Sie die Ausführung mit **Gewindestangen** einbauen, drücken Sie Dichtung und Metallplatte von unten gegen das Waschbecken. Langmuttern anschrauben, aber noch nicht ganz festziehen, da Sie die Armatur noch ausrichten müssen.

5 Wenn Ihre neue Armatur **Druckschläuche** hat, die lang genug sind, um die **Eckventile** zu erreichen, ist der nächste Arbeitsschritt kein Problem. Richten Sie zuerst die Armatur endgültig aus, und schrauben sie fest. Dann führen Sie die Enden der Schläuche in die Anschlüsse der Eckventile – mit den Überwurfmuttern verschrauben. Die notwendigen Dichtungen sind schon vormontiert.

PROFITIP

Wenn Sie die Überwurfmuttern mit dem Gabelschlüssel festziehen, achten Sie darauf, daß Sie die verchromten Muttern nicht verkratzen. Kleben Sie einfach einen Streifen Kreppband herum. Dann ziehen Sie die Muttern sehr vorsichtig an.

6 Eine Armatur mit langen **Kupferröhrchen** macht mehr Arbeit. Die Röhrchen sind meistens viel zu lang. Biegen Sie die Röhrchen vorsichtig auseinander, bis sie an die Eckventile anstoßen. Wenn Sie mit Hanf eingedichtet haben, können Sie die Eckventile etwas schräg zur Mitte hin drehen und die Überwurf-

Arbeitsanleitungen: Montage Armaturen 1

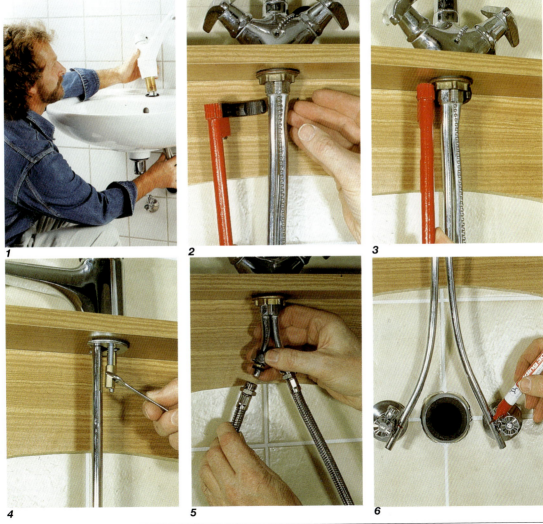

Arbeitsanleitung: Montage Armaturen 1

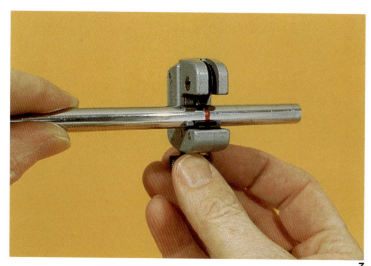

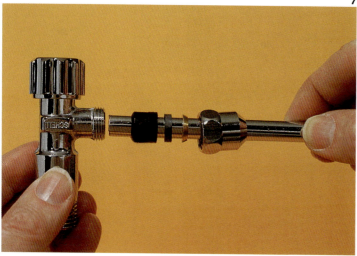

muttern abschrauben. Die Stelle, wo das Gewinde für die Überwurfmutter endet, markieren Sie (mit Filzstift) auf das Röhrchen. Hier müssen Sie schneiden.

7 Das geht am besten mit dem **Rohrabschneider:** Öffnen Sie diesen so weit, daß das Rohr zwischen Schneidrad und die Führungsrollen paßt. Schließen Sie dann den Abschneider so weit, daß das Schneidrad am Rohr anliegt, und ziehen Sie ihn etwas fester an. Drehen Sie dann den Abschneider einige Male um das Rohr herum: Das Rad schneidet eine Rille. Drehen Sie den Rohrabschneider immer nur so weit zu, daß Sie das Röhrchen nicht zusammenquetschen. Drehen Sie ihn wieder einige Male und ziehen dann wieder etwas fester an – solange, bis das Rohrende abgeschnitten ist.

8 Fädeln Sie dann **Überwurfmutter, Messingring, Gummidichtung** und schließlich noch den **Kunststoffring** über die beiden Röhrchen, die Sie dann in die Eckventile einführen. Die Eckventile senkrecht ausrichten. Schieben Sie die Dichtungsteile auf das Ventil auf, die Überwurfmutter darüber, mit der Hand festdrehen.

Arbeitsanleitung: Montage Armaturen 1

Nun können Sie die Armatur endgültig ausrichten, und mit Hilfe der Gewindestangen bzw. des Standhahnschlüssels festschrauben. Zum Schluß die Überwurfmuttern an den Eckventilen mit dem Schraubenschlüssel festziehen.

Das Ablaufventil mit Stopfen und Exzentergestänge
Das Ablaufventil ist die Verbindung zwischen Waschbecken und Geruchsverschluß. Es nimmt den **Stopfen,** meist einen Exzenterstopfen, auf. Ventil und Exzenterstopfen werden praktisch immer zusammen verkauft.

10 Ober- und Unterteil des **Ventils** müssen gegen das Becken abgedichtet werden, damit kein Wasser austritt bzw. damit es bei geschlossenen Stopfen nicht abläuft. Falls der Ablauf des Beckens wellig ist, reichen die mitgelieferten Dichtungsringe nicht aus.

11, 12 Dann müssen Sie **Dichtungskitt** verwenden, der gebrauchsfertig im Handel ist. Formen Sie eine etwa 10 mm dicke „Schnur" und legen Sie sie um den Rand vom Oberteil des Ventils. Drücken Sie es in das Loch des Beckens.

9

10

11

12

Arbeitsanleitung: Montage Armaturen 1

13 Das Unterteil des Ventils schrauben Sie mit zwischengelegter Dichtung auf das Gewinde des Oberteils auf, das unten aus der Öffnung herausschaut. Wenn die Hebevorrichtung des Stopfens bei der Montage stört: Rändelmutter lösen und abschrauben.

14 Drehen Sie das Unterteil des Ventils so fest, daß der Anschluß des Exzentergestänges genau auf der Rückseite liegt.

15 Den hervorgequollenen Kitt streichen Sie mit dem Finger ab, schieben dann die Exzenterstange durch das Loch der Armatur. Anschließend die Hebevorrichtung wieder in das Unterteil einbauen und senkrechte Stange mit waagerechtem Hebel verbinden.

16 Den Stopfen stellen Sie so ein, daß er bei herausgezogenem Gestänge schließt. Gegebenenfalls justieren: Wenn Sie die Schraube weiter eindrehen, hebt der Stopfen nicht so stark, drehen Sie sie weiter heraus, hebt er stärker. Haben Sie die richtige Einstellung gefunden, fixieren Sie die Schraube mit der Kontermutter, damit sich die Einstellung nicht von selbst verändern kann.

Abwasseranschluß

Einen sog. **Flaschengeruchsverschluß** können Sie nur dann montieren, wenn Abwasseranschluß in der Wand und Ablaufventil genau voreinander stehen. Ein seitlicher Ausgleich ist nicht möglich.

17 Schrauben Sie den Geruchsverschluß mit der zwischengelegten Dichtung am Abflußventil fest.

> **ÖKOTIP**
> Da sich in den Geruchsverschlüssen gern gröbere Teile, z.B. Haare, festsetzen, sollten Sie in den Ablauf ein feines Sieb einsetzen. Das spart Ihnen lästiges Zerlegen des Geruchsverschlusses und den Einsatz von chemischen Abflußreinigern.

18 Lösen Sie die Rändelmutter über der Tasse des Geruchsverschlusses und ziehen Sie ihn auseinander, bis sich sein Abgang und der Abwasseranschluß in der Wand gegenüberstehen.

19 Drücken Sie die Gummidichtung in den Anschluß hinein, und messen Sie vom Abgang des Si-

Arbeitsanleitung: Montage Armaturen 1

phons bis zur Verdickung am Ende der Dichtung. Auf diese Länge müssen Sie das Anschlußrohr jetzt zusägen. Den Grat, der beim Sägen entsteht, müssen Sie innen und außen glattfeilen.

20, 21 Schieben Sie dann Rosette und die Rändelmutter jeweils so auf, daß Wandseite bzw. Gewinde außen sind. Schieben Sie das Rohr (mit der Seite, auf der die Rosette ist) in die Dichtung des Abwasserrohres ein.

22 Richten Sie den Siphon in der Höhe aus und schrauben die Rändelmuttern etwas an. Richten Sie den Geruchsverschluß exakt aus und ziehen die Rändelmuttern fest. Rosette an die Wand schieben.

23 Der **Röhrengeruchsverschluß** wird entsprechend montiert. Messen Sie von der Dichtung des Abwasseranschlusses bis zum senkrechten Anschluß des Ablaufventils. Das ist die Gesamtlänge von Anschlußrohr und Siphon.

24 Anschlußrohr absägen, entgraten und in die Dichtung einschieben. Rändelmuttern etwas anziehen, Siphon ausrichten und dann alle Muttern gut festziehen.

17

18

19

20

21

22

23

24

Arbeitsanleitung: Montage Armaturen 2

Die Dusche

Duschen weckt die Lebensgeister

1 Montage des Standrohrventiles und des Siphons
Stecken Sie das Oberteil (a) des Ventiles in das Abflußloch der Duschwanne. Dichten Sie das Oberteil mit Kitt ab. Schieben Sie die Dichtung (b) von unten auf das Oberteil und montieren Sie es mit der Kontermutter (c) fest. Das Teil (b) ist der Anschluß für das Erdungskabel, falls Duschwannen aus Stahl oder Guß verwendet werden. **Die Erdung muß durch einen Elektrofachmann erfolgen.** Montieren Sie nun den Siphon (e, f, g), Dichtungen nicht vergessen! Stecken Sie das Abflußrohr (g) in die Abflußöffnung und dichten Sie das Rohr mit Dichtungskitt bzw. einer Gummimuffe ab. Verbinden Sie den Siphon durch Verschraubung (h) mit dem Standrohrventil. Dichtung nicht vergessen! Verschraubung (h) fest anziehen.

2 Montage der Duschbatterie
Schrauben Sie die S-Anschlüsse (a) in die Wand und stellen Sie diese so ein, daß der Batteriekörper angeschraubt werden kann. Verwenden Sie zum Abdichten der S-Anschlüsse Dichtband oder Hanf (entgegen der Schraubrichtung auflegen). Schrauben Sie dann die Rosetten (b) auf die S-Anschlüsse und setzen Sie die Batterie mit den Überwurfmuttern (d) auf die S-Anschlüsse. Denken Sie an die Dichtungen (c)!

3 Montage von Wandstange, Brauseschlauch, Gelenkstück und Handbrause
Befestigen Sie die Wandstange mit Schrauben und Dübeln an der Wand. Falls der Wandabstand ungleichmäßig sein sollte, z.B. wenn der untere Teil der Wand gekachelt, der obere aber glatt ist, verwenden Sie eine Stange, deren Konsolen im Wandabstand verstellbar sind.
Achten Sie beim Kauf des Brauseschlauches darauf, daß er das gleiche Gewinde wie das Anschlußgewinde der Batterie hat. An Duschbatterien meistens R 3/4", in seltenen Fallen auch R 1/2". Damit der Schlauch auch wirklich paßt. Handbrausen und Gelenkstücke haben immer 1/2" Gewinde. Auch hier sollten Sie an die Dichtungen denken.

4 Wenn Sie dann alle Teile eingebaut haben, sollten Sie auf alle Fälle die gesamte Installation auf ihre Funktion überprüfen. Ganz besonders wichtig ist, daß Ihre Arbeit auch wirklich „wasserdicht" ist.

Arbeitsanleitung: Montage Armaturen 2

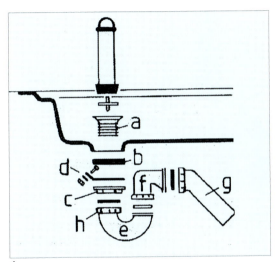
1

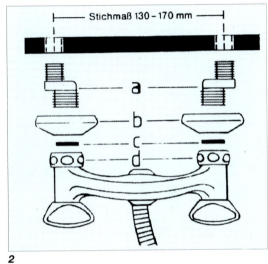
2

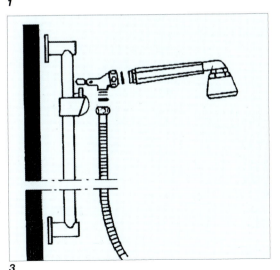
3

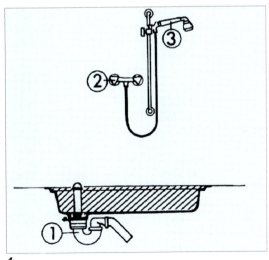
4

Arbeitsanleitung: Montage Armaturen 3

Spülkasten und Druckspüler

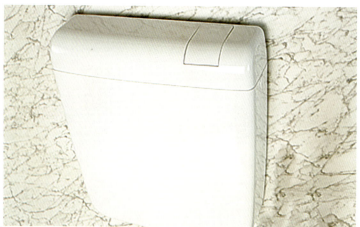

Eine Wasserspartaste am Spülkasten sollte schon sein

1 Montage des Eckventiles

Montieren Sie zuerst das Eckventil (a) unter Verwendung der Rosette (b), des Anschlußstückes (c) und den Verschraubungen (d). Zum Abdichten Hanf oder Dichtband.

2 Montage des Spülkastens

Nehmen Sie den Deckel des Spülkastens ab und markieren Sie die Anschraubhöhe des Kastens an der Wand. Auslauf des Spülkastens und Einlauf am Toilettenbecken müssen senkrecht übereinander stehen. Befestigen Sie den Spülkasten waagrecht an der Wand. Ermitteln Sie den Abstand zwischen der Schraubverbindung, Spülkasten und Eckventil (d). Dann können Sie das Kupferrohr (c) auf die gewünschte Länge bringen und montieren.

PROFITIP
Chromschäden vermeiden Sie mit Spezialwerkzeugen, die Gummibacken haben – und doch fest „zupacken".

Danach stecken Sie das Spülrohr (e) in den Auslauf des Spülkastens sowie in den Einlauf des Toilettenbeckens und kürzen das Rohr auf den richtigen Abstand. Die Gummimuffe (f) dichtet das Spülrohr zu dem Toilettenbecken ab. Die Verbindung zum Spülkasten erfolgt mit der Verschraubung (g), in die die Gummidichtung (h) und die Kunststoffdichtung (i) eingelegt wurde. Nachdem Sie sich vergewissert haben, daß der Spülkasten einwandfrei hängt und die Kupferrohr- sowie die Spülrohrabstände stimmen, ziehen Sie alle Verschraubungen fest. Hängen Sie den Betätigungshebel des Spülkastens ein, und setzen Sie den Deckel auf.

3 Montage des Druckspülers

Spülen Sie zuerst die Leitung durch. Schmutzteile im Leitungswasser können die Funktion des Druckspülers beeinträchtigen. Legen Sie entgegen der Schraubrichtung Dichtband oder Hanf auf das Gewinde des Druckspülers (a), stecken Sie eine Rosette (b) auf und schrauben Sie den Druckspüler von Hand in die Wand. Ermitteln Sie die Abstände zwischen Anschlußstutzen am Druckspüler (c) und Toilettenbeckeneinlauf (d). Spülrohr (e) eventuell kürzen. Die Gummimuffe (f) auf das Spülrohr (e) schieben und in den Toilettenbeckeneinlauf (d) schieben. Der Druckspülerstutzen (c) wird in das Spülrohr eingeführt und mit dem Druckspüler fest verschraubt.

Arbeitsanleitung: Montage Armaturen 3

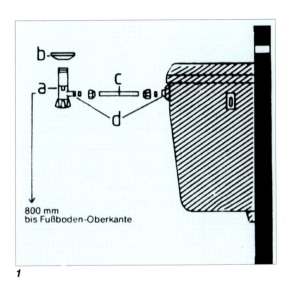

800 mm
bis Fußboden-Oberkante

1

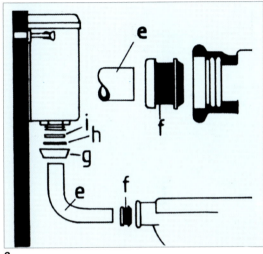

2

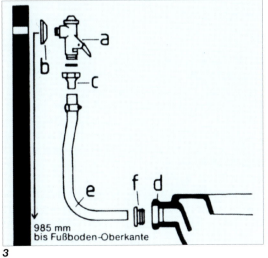

985 mm
bis Fußboden-Oberkante

3

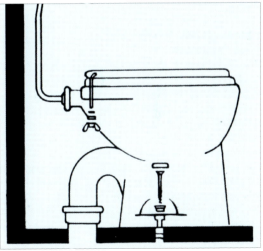

Wenn alle Teile eingebaut sind, auf Dichtheit prüfen

67

Arbeitsanleitung: Montage Armaturen 4

Die Badewanne

Was gibt es Entspannenderes?

1 Montage des Ablaufteiles der Wannengarnitur

Stecken Sie das Sieb (a) des Stopfenventiles in das Abflußloch der Wanne. Dichten Sie das Sieb mittels Kitt ab. Verbinden Sie mit Schraube (b) das Unterteil (d) des Stopfenventiles mit dem Oberteil (a) – Dichtung (c) einfügen. Schrauben Sie die Teile (e, f, g) zusammen (Dichtungen) und stecken Sie Teil (g) in die Abflußöffnung, diesen Anschluß sollten Sie mit einer Gummimuffe oder Kitt abdichten. Verbinden Sie Teil (e) mit (d).

SICHERHEITSTIP

Achtung: Falls Sie bei Stahlbadewannen Ablaufgarnituren aus Metall verwenden, müssen diese vom Elektrofachmann geerdet werden.

2 Montage des Überlaufteiles der Wannengarnitur

Stecken Sie Teil (h) in das Überlaufrohr (i). Das Rohr kann bei Bedarf gekürzt werden. Gehen Sie beim Anschluß des Überlaufteiles an der Wanne vor wie beim Stopfenventil beschrieben. Verbinden Sie das Überlaufteil mit dem Stopfenventil, indem Sie die Verschraubung (k) und die konische Dichtung (m) auf das Überlaufrohr (i) schieben. Schrauben Sie dieses dann an das Unterteil (d) des Stopfenventiles.

3 Montage der Wannenfüll- und Brausebatterie

Schrauben Sie die S-Anschlüsse (a) in die Wand und stellen Sie den Abstand so ein, daß die Batterie aufgeschraubt werden kann. Verwenden Sie zum Abdichten der S-Anschlüsse Dichtband oder Hanf (entgegen der Schraubrichtung auflegen). Drehen Sie die Rosetten (b) auf die S-Anschlüsse und schrauben Sie die Batterie mit den Überwurfmuttern (d) auf die S-Anschlüsse. Wichtig: Dichtung (c) nicht vergessen! Komplettieren Sie die Batterie, indem Sie den Brauseschlauch an (e) anschrauben und die Handbrause am Schlauchende befestigen. Dichtungen nicht vergessen.

*

4 Und auch hier gilt wieder:
Überprüfen Sie nach der Endmontage alle Teile auf ihre Funktion, besonders auf Dichtheit.

Arbeitsanleitung: Montage Armaturen 4

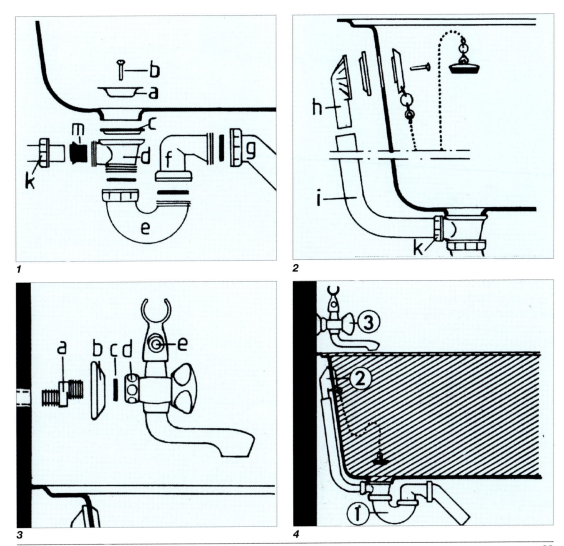

Arbeitsanleitung: Montage Armaturen 5

Das Bidet

In südlichen Ländern sind Bidets schon lange Standard

1 Montage der Batterie
Legen Sie jeweils einen Dichtungsring (a) zwischen Bidet-Ober- und Unterseite. Vergessen Sie nicht, die Metallscheibe (b) vor die Kontermutter (c) einzulegen und ziehen Sie die Mutter an.

2 Anschluß der Batterie
Schrauben Sie die Eckventile in die Wand (Gewinde mit Dichtband oder Hanf gut abdichten) und montieren Sie die Verschraubung (a) ab. Biegen Sie die beiden Kupferrohre (möglichst mit Biegespirale, die Rohre könnten sonst beschädigt werden) so, daß diese sich bis zum Anschlag in die Eckventile einführen lassen; falls nötig, kürzen. Verschraubung (a) mit Klemmkonus (b) auf Kupferrohre montieren, Verschraubung (a) gut anziehen.

3 Montage der Ablaufgarnitur und des Siphons
Stecken Sie das Stopfenventil (a) der Ablaufgarnitur in das Abflußloch des Bidets. Dichten Sie das Stopfenventil mit Kitt ab; Dichtung (b) einfügen.
Schrauben Sie dann das Unterteil (c) der Garnitur an (a), auch hier wieder eine Dichtung (d) einfügen. Verbinden Sie die Stange (e) mittels eines Verbindungsstücks (f) mit der Zugstange (g) der Batterie und ziehen Sie die Feststellschrauben an. Der Bidetbeckenverschluß (j) ist durch Drehen an der Messing-

> **PROFITIP**
> Für ein Bidet ist ein Kalt- und ein Warmwasseranschluß in Kupferrohr 12 x 1 oder 15 x 1 erforderlich. Die Armatur (es gibt im Fachhandel spezielle Modelle) wird über Eckventile angeschlossen, die etwa 300 mm auseinanderliegen sollten. Die Höhe dieser Ventile soll bei etwa 150 mm über dem fertigen Boden liegen.

schraube in der Höhe verstellbar. Schrauben Sie die Einzelteile des Siphons zusammen. Stecken Sie das Abflußrohr in die Abflußöffnung und dichten Sie das Rohr mit Dichtungskitt oder einer Gummimuffe ab, schrauben dann das in der Höhe verstellbare Siphonteil (i) an das Ablaufventil (c). Drehen Sie die Verschraubung (k) fest. Nach der Endmontage alle Teile auf Funktion und Dichtheit prüfen.

Arbeitsanleitung: Montage Armaturen 5

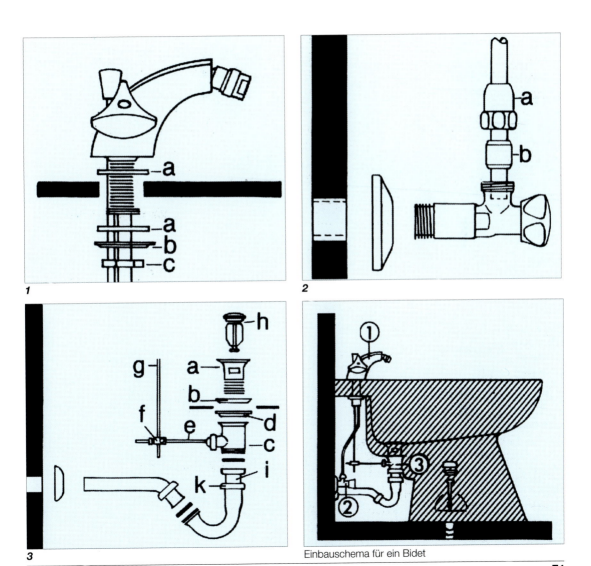

Einbauschema für ein Bidet

Arbeitsanleitung: Duschkabine einbauen

Damit das Bad trocken bleibt

Material

Sie bestellen sich am besten ein „Komplett-Paket", das enthält alles, was Sie zum Einbau brauchen. Meist ist auch schon die Kartusche Silikon eingepackt. Auch die Angebote im Baumarkt sind meist komplett.

Werkzeuge

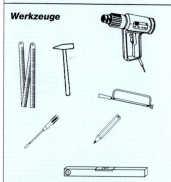

| Schwierigkeitsgrad | 0 1 **2** 3 |
| Kraftaufwand | 0 1 **2** 3 |

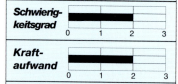

Arbeitszeit

In etwa drei bis vier Stunden steht Ihre Kabine. Bis das Silikon trocken ist, dauert es ca. 24 Std.

Ersparnis

Manche Hersteller bieten einen Einbau-Sevice an, der zwischen 200 und 300 Mark kostet.

Praktisch und pflegeleicht: die Duschkabine aus Echtglas

Arbeitsanleitung: Duschkabine einbauen

Einbausätze für Duschkabinen enthalten alles Zubehör bis hin zur Dichtungsmasse und zur letzten kleinen Schraube, was Sie für die Montage benötigen – vom Werkzeug einmal abgesehen.
Lesen Sie die beigefügte Aufbauanleitung zuerst genau durch. Überprüfen Sie gleichzeitig, ob auch wirklich das ganze Zubehör eingepackt wurde.
Die Rahmenteile und die Kunstglas- oder Echtglasscheiben sind empfindlich gegen scharfe und harte Gegenstände. Trennen Sie daher die Schrauben von den Rahmen und den Glasteilen. Die Teile für den Zusammenbau legen Sie auf den Verpackungskarton oder eine Decke. Das schützt die Teile vor Beschädigung und den Fliesenboden im Bad vor Kratzern.

1 Legen Sie sich dann die Einbauteile zurecht. Bei einer Duschkabine mit ungleicher Schenkellänge etwa müssen Sie darauf achten, welcher Schenkel nach welcher Seite montiert werden muß. Die senkrechten Rahmenteile werden universell eingebaut.
Die Eckverbindungen werden gesteckt und geschraubt. Für den oberen Rahmen werden die Führungsprofile auf den Eckverbinder

1

Arbeitsanleitung: Duschkabine einbauen

2

3

4

5

gesteckt und mit den beigefügten Schrauben befestigt. Dann stecken Sie die Abdeckkappen auf. Beim unteren Rahmen sind meist gemäß Anleitung zusätzlich noch Schrauben zu montieren.

Stellen Sie dann den komplett zusammengesteckten Rahmen mit den eingehängten Türen zur Probe auf den Duschwannenrand, und markieren Sie den Wandanschluß mit einem Strich auf mittlerer Höhe.

2 Die Wandprofile müssen exakt ausgerichtet und verschraubt werden. Dazu legen Sie die Schiene an die Markierung und kontrollieren die Senkrechte mit der Wasserwaage. Die Bohrpunkte für die Dübellöcher markieren Sie mit einem Filzschreiber direkt durch die Öffnungen im Wandprofil am besten mit einem Filzstift.

3 - 5 Löcher bohren, Dübel einstecken, Wandprofile festschrauben. Nochmals mit der Wasserwaage überprüfen. Bevor Sie dann den Rahmen endgültig einbauen, müssen die Türen eingepaßt und fixiert werden. Das geschieht mit den Kunststoff-Eckverbindern.

6, 7 Jetzt können Sie den kompletten Rahmen mit den eingehängten

Arbeitsanleitung: Duschkabine einbauen

Türen auf die Duschtasse stellen und die Seitenprofile in die Wandschienen einführen. Ein geschickter Helfer erleichtert Ihnen dabei die Arbeit. **Bevor Sie alles festschrauben, überprüfen Sie, ob die Teile der neuen Duschkabine spielfrei zusammenpassen.** Bei den meisten Bausätzen sind die Seitenprofile durch Ein- oder Ausdrehen der Befestigungsschrauben verschieden einzustellen. Alle vier Anschlußecken mit der Wasserwaage kontrollieren und die Seitenrahmen entsprechend ausrichten und fixieren.

Mit der Wasserwaage sollten Sie auch die Türen überprüfen. Senkrecht sind sie automatisch ausgerichtet, weil das ja vom Rahmen abhängt. In der Waagerechten können Sie aber nachjustieren, wenn Sie die Schraube an den beiden Außenecken entsprechend aus- oder eindrehen.

8 Ganz zum Schluß, wenn auch die Griffe, Handtuchhalter etc. montiert sind, sollten Sie die Fuge zwischen Wand und Duschwanne bzw. zwischen Wand und den Einbauprofilen von außen mit der beigefügten Dichtungsmasse (Silikon) ausspritzen und glattstreichen (s. Grundkurs S. 45, 48)

Arbeitsanleitungen: Wiederverwendung von Grauwasser

Alles ganz „bio"!

Material

„Grauwasseranlagen" gibt es von den jeweiligen Anbietern als Komplett-Pakete, einbaufertig. Dusch- und Badewanne bzw. Toilette sind bei der Umrüstung ja meist vorhanden. Bei Neubauten müssen diese Teile extra beschafft werden.

Werkzeuge

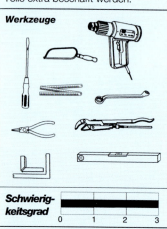

Schwierigkeitsgrad
0 1 2 3

Kraftaufwand
0 1 2 3

Arbeitszeit

2 - 3 Arbeitstage sollten Sie auf jeden Fall veranschlagen (ohne Fliesen- bzw. Maurerarbeiten).

Ersparnis

Durch Ihre Eigenleistung ist je nach Arbeitsumfang eine Ersparnis zwischen 1000 und 3000 Mark möglich.

Die Montage der Öko-Wanne gliedert sich in 4 Schwerpunkte, die wir Ihnen mit den notwendigen Arbeitsschritten nachfolgend erklären.

Der Sammelbehälter wird Ihnen vormontiert geliefert. Der Pumpeneinsatz ist in den Behälter eingeführt und der Deckel aufgesetzt. Die 6 Plaste-Rändelmuttern sind leicht angeschraubt. Der Plasteschaumstoff-Filter ist so eingesetzt, daß er den Pumpeneinsatz umfaßt. Ein Einlaufstutzen ist mit einer Blindkappe verschlossen. Der nicht genutzte Einlaufstutzen ist durch eine Verschlußmutter fest verschlossen und abgedichtet.

Sammelbehälter aufstellen

Nach dem **Entleeren** der Badewanne entfernen Sie das Verbindungsrohr zwischen dem Wannenablaufsiphon und dem Anschlußstutzen des Abwassernetzes und demontieren die Ablaufgarnitur Ihrer Wanne.

Der nächste Schritt: Entfernen der vorhandenen Wannenfüße. Bevor Sie die Füße an der Kopfseite (Gegenseite zum Ablauf) der Wanne entfernen, messen Sie den Abstand des Wannenbodens vom Fußboden an der engsten Stelle, die sich in der Regel in der Nähe des Ablaufes befindet.

Der Sammelbehälter hat eine Höhe von ca. 150 mm. Nun können Sie einschätzen, ob die Wanne angehoben werden muß. Lassen die Originalfüße am Fußende der Wanne eine eventuell nötige Verstellung nicht zu, muß „untergelegt" werden. Dann können Sie die Spezialbeine anbringen. Dabei ist zu

> **SICHERHEITSTIP**
>
> Bei der Installation von Wannen, die auf Füßen stehen, schreibt der TüV grundsätzlich die Verwendung von Wannenhaltern vor, die mit Sicherheit verhindern, daß die Wanne kippt.

berücksichtigen, daß der Minimalabstand Wannenboden/Fußboden mindestens 150 mm betragen muß. Die Länge der Spezialbeine können Sie durch Drehen der Verstellelemente grob einstellen.

Sie befestigen die Beine (Abb. 1) an der Wand. Dazu ist für jedes Bein eine ca. 55 - 60 mm tiefe Bohrung mit einem 10 mm Steinbohrer vorzusehen. Die Position der Bohrung sollte etwa in der Mitte der Beinschlitze liegen, um die Wanne

Arbeitsanleitungen: Wiederverwendung von Grauwasser

problemlos justieren zu können. In die Bohrungen schlagen Sie die mitgelieferten Dübel bündig ein. Schrauben Sie dann die Stockschrauben ein und versehen diese mit Kontermuttern und Unterlegscheibe. Mit den Muttern auf den Stockschrauben und den Druckschrauben bringen Sie die Beine in parallele Position zur Wand. Kontermuttern und Druckschraube werden erst nach dem endgültigen Justieren der Wanne angezogen.

Justieren der Wanne und richtige Wandbefestigung

Stellen Sie nun den Mindestabstand des Wannenbodens vom Fußboden von 150 mm ein und richten die Oberkante der Badewanne mit der Wasserwaage aus. Anschließend ziehen Sie die Kontermuttern der Stockschrauben fest und schrauben die Druckschrauben so an, daß sie fest an der Wand anliegen.

Wenn Sie umbauen, sind die Wandbohrungen für die Befestigung der erforderlichen Wandhalter in der Regel schon vorhanden. Sollte das nicht der Fall sein, ist es ratsam, einen handels-üblichen Wandhalter an der Wannenseite, die den Spezialbeinen gegenüber steht (Abb.2) anzubringen.

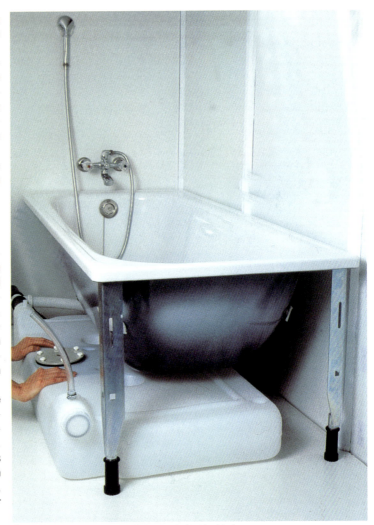

Öko-Bad. Die Grauwasser-Anlage arbeitet im Verborgenen

Arbeitsanleitungen: Wiederverwendung von Grauwasser

Der Einbau kurz und bündig

1 Zwischen Boden und Wanne müssen mindestens 15 cm Zwischenraum bestehen, um den Behälter unterzukriegen.
2 Die dem Ablauf gegenüberliegenden Füße werden durch Spezialbeine ersetzt. Diese unter den Wannenrand stellen, ...
3 ... auf Höhe bringen und ausrichten. Dann die Bohrstellen markieren und Dübellöcher bohren.
4 Wenn das wandseitige Bein sitzt, zweites Standbein unterschieben und parallel ausrichten.
5 Alte Wannenfüße entfernen. Zusätzliche Wandanker können der Wanne noch mehr Halt geben.
6 Der Sammelbehälter ist seitengleich ausgeformt. Je nach Wannenposition den rechten oder linken Stutzen für den Entlüftungsschlauch durchbohren.
7 Wenn der Schlauch aufgesteckt und gesichert worden ist, den Tank unter die Wanne schieben. Dann den Schlauch bis unter den Wannenrand führen.
8 Die Öffnung für die Pumpe sitzt vorne mittig im Behälter. Den Schaumstoffilter so einbauen, daß er oben und unten am Sammelbehälter anliegt.
9 Pumpeneinsatz mit anhängendem Füllschlauch für den Toilettenkasten vorsichtig einsenken, Deckel auflegen und die sechs Rändelmuttern festziehen.
10 Am Spülkasten endet der Zulaufschlauch im Eckventil. Von dort geht es weiter durch die Wandung in den Kasten. Am Rohrbogen sitzt der Regelschalter.
11 Am Tankeingang die neuen Rohre mit dem Dreiwegeschalter montieren. Dann die Verbindung zum Wannenablauf und dem Abwasserrohr herstellen.
12 Anschluß des Steuerteils: Es darf weder unter noch im Wannenbereich angebracht werden.

1

5

Arbeitsanleitungen: Wiederverwendung von Grauwasser

Arbeitsanleitungen: Wiederverwendung von Grauwasser

Dann schieben Sie den **Sammelbehälter** so unter die Wanne, daß sich der Einlaufstutzen an der Ablaufseite Ihrer Badewanne befindet. Der Entlüftungsstutzen oberhalb des Einlaufstutzens muß mit einem 10 mm-Bohrer geöffnet werden.

Sie stecken jetzt den Entlüfterschlauch auf den geöffneten Entlüftungsstutzen und sichern ihn mit einer Schlauchschelle.

Das obere freie Schlauchende wird mit einem Schlauchbinder am Wannenüberlauf befestigt. Die Schlauchöffnung muß unmittelbar unter der Oberkante der Wanne liegen.

Sammelbehälter an Wanne, Spülkasten und Abwassernetz anschließen

Zuerst montieren Sie die Ab- und Überlaufgarnitur und schieben diese so in den Einlaufstutzen des Sammelbehälters, daß der Stellgriff des Dreiwegehahns auf die Bedienerseite zeigt.

Vor dem Einschieben in den Sammelbehälter wird die Überwurfmutter und danach der Gummi-Rundring 48 x 4 auf das Rohr aufgesteckt. Die Überwurfmutter wird handfest angezogen.

Arbeitsanleitungen: Wiederverwendung von Grauwasser

Montage des Flexrohres
Sie montieren das flexible Verbindungsrohr zwischen dem Wannenablauf und dem Dreiwegehahn. Vor dem Einstecken der Schlauchenden in die Anschlußstutzen kontrollieren Sie den richtigen Sitz der Kegeldichtringe. Die umlaufende Wulst auf dem Innendurchmesser muß in die Rille des flexiblen Verbindungsrohres eingreifen.

Verbindung zum Abwassernetz
Die nötigen Verbindungselemente zur Anbindung der Ab- und Überlaufgarnitur an das Abwassernetz installieren Sie mit HT-Rohrelementen, die im Bausatz nicht enthalten sind.

Verbindung zum Spülkasten
Entleeren Sie erst den Spülkasten, indem Sie die Spültaste betätigen. Der Verschlußstopfen am serienmäßig vorgesehenen 2. Seitenanschluß des Spülkastens wird entfernt, der Winkeleinlauf eingesteckt und mit den Muttern arretiert.
Der Rohrbogen mit Pegelschalter wird eingesteckt und mit der Klemmverschraubung festgezogen. Der Rohrbogen muß nach unten führen, der Pegelschalter nach unten „hängen" (Abb.4).
Der Schwimmerkörper muß auf der Oberseite den grünen Markierungsstrich aufweisen. Das mitgelieferte Anschlußrohr (verchromt, 10 x 1 mm) wird den baulichen Bedingungen angepaßt, in den Winkeleinlauf eingesteckt und mit der Klemmverschraubung festgezogen. Dann die Füll-Leitung aufstecken und mit einer Schlauchschelle sichern.

Füll-Leitung anschließen
Lösen Sie die 6 Plaste-Rändel-Muttern des Pumpeneinsatzes und nehmen den Deckel ab. Sie schieben den Deckel über die Füll-Lei-

> **SICHERHEITSTIP**
> Wenn in Ihrer Familie ansteckende Krankheiten oder Hautkrankheiten auftreten, dürfen Sie das Bade- bzw. Duschwasser **nicht** zur WC-Spülung verwenden.

tung, fädeln die Schlauchschelle auf und stecken die Leitung auf den Pumpenstutzen. Die Schlauchschelle mit einem 6 mm-Ringschlüssel vorsichtig anziehen.

Steuerteil installieren
Das Steuerteil darf weder unter noch im unmittelbaren Wannenbereich angebracht werden. (Vorschrift DIN VDE 0100 Teil 701/0584 bzw. DIN 18015, Teil 3 beachten!)
Das Steuerteil darf keinesfalls näher als 0,6 m im Umkreis um Badewanne oder Dusche senkrecht zur Stellfläche montiert werden.
Markieren Sie die Bohrungen durch das Gehäuse auf der Wand. Das Steuerteil wird mit Linsenkopfschrauben angeschraubt. Deckel zunächst noch nicht aufsetzen.

Steuerkabel für den Spülkasten- Pegelschalter
Die Steckverbinder vom Spülkasten-Pegelschalter und dem Steuerkabel (2 Pole) werden zusammengefügt. Das Steuerkabel wird zum Steuerteil verlegt, auf Länge gebracht, die Enden werden abisoliert. Dann anschließen:
Schraubklemme 1 = brauner Draht
Schraubklemme 2 = blauer Draht
Wichtig: Zugentlastung anziehen.

Steuerkabel verlegen
Das Kabelende durch die Zentralbohrung des Pumpeneinsatzdeckels stecken und die 4-Pol-Steckverbinder zusammenfügen. Durch Verpolungsschutz ist eine Falschpolung ausgeschlossen. Den Deckel aufsetzen und mit

Arbeitsanleitung: Wiederverwendung von Grauwasser

den Rändelmuttern festschrauben. Das Kabel wird, abhängig von den örtlichen Bedingungen, zum Steuerteil verlegt, auf Länge gebracht, die Enden werden abisoliert.
Klemme 3 = schwarzer Draht
Klemme 4 = brauner Draht
Klemme 5 = blauer Draht
Achtung:
Bei Verpolungsfehlern funktioniert die Anlage nicht.
Zugentlastung anziehen.

Die Steckverbindung der Leuchtdioden ist gegen Verpolung geschützt. Nach Einstecken des LED-Steckers legen Sie die Drähte so, daß sie beim Schließen des Steuerteil-Deckels nicht eingeklemmt werden. Danach Deckel auf das Gehäuse setzen.

Probelauf
Fast geschafft: Zum Probelauf stecken Sie den Netzstecker ein. Die grüne LED (Anzeige für Betriebsbereitschaft) leuchtet. Da der Sammelbehälter noch leer ist, muß die rote LED-Anzeige ebenfalls leuchten. Ist das nicht der Fall, müssen Sie die elektrische Anlage überprüfen.
Ist die elektrische Anlage in Ordnung, geht es weiter im Text:
Drehen Sie den Stellgriff des Dreiwegehahnes auf „Behälter füllen". Bei geschlossenem Wannenablauf ca. 30 Liter Wasser in die Wanne einlassen, Wannenablauf öffnen – das Wasser fließt in den Sammelbehälter. Ist genügend Wasser im Behälter, um den Spülkasten einmal zu befüllen, erlischt die rote LED. Sollte der Spülkasten gerade leer sein, beginnt die Pumpe den Spülkasten zu füllen. Ist der Spülkasten befüllt, schaltet sich die Pumpe ab. **Betätigen Sie nun die Spültaste.** Die Pumpe beginnt den Spülkasten zu füllen. Bei geringem Wasservorrat im Sammelbehälter leuchtet die rote LED nach dem Füllen des Spülkastens auf. Die Steuerung ist so ausgelegt, daß der Spülkasten immer gefüllt wird, wenn die Pumpe nach der Betätigung der Spültaste mit der Förderung begonnen hat.
Wenn die rote LED leuchtet, müssen Sie das Trinkwasser-Eckventil am Spülkasten öffnen, um die Toilette mit Trinkwasser zu spülen.

Welche Pflege braucht Ihre Öko-Wanne?

Die Wartung Ihrer Öko-Wanne beschränkt sich auf regelmäßige Reinigung des Schaumstoff-Filters, der vor der Pumpe angeordnet ist und der die im Brauchwasser enthaltenen Verunreinigungen wie Haare, Duschgel und Seifenreste aufnimmt.
<u>Dieser Filter muß alle 3 Wochen gereinigt werden:</u>
1. Entleeren des Sammelbehälters. Dazu arretieren Sie die Spültaste im gedrückten Zustand bis die rote LED am Steuerteil aufleuchtet und signalisiert, daß der Sammelbehälter leer ist.
2. Entnehmen des Filters: Lösen Sie die Rändelmuttern am Pumpeneinsatz, nehmen den Deckel ab, heben den Pumpeneinsatz heraus und entnehmen den Filter.
3. Dann bringen Sie den Austauschfilter vorsichtig in den Pumpeneinsatz ein, so daß er an Ober- und Unterboden des Sammelbehälters anliegt.
4. Zur Reinigung waschen Sie den entnommenen Filter in warmem Wasser oder in Waschlauge aus.
5. Verwenden Sie auf keinen Fall chemische Rohrreiniger!

Arbeitsanleitung: Be- und Entlüftungsanlage installieren

Damit das Bad nicht zum Dampfbad wird

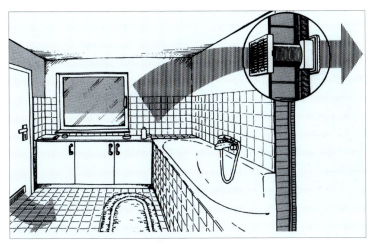

Be- und Entlüftung für Bäder mit Fenster

Material

Türgitter aus Kunststoff, Ventilatoren mit Lüftungsgitter, Schnellputz.

Werkzeuge

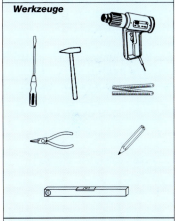

Schwierigkeitsgrad

| 1 | 2 | 3 |

Kraftaufwand

| 0 | 1 | 2 | 3 |

Arbeitszeit

Die reine Installation dauert nur ein bis zwei Stunden. Mauerdurchbrüche aber kosten Zeit...

Ersparnis

Durch Eigenleistung sparen Sie je nach Aufwand zwischen ca. 150 und 500 Mark.

Was braucht man nötiger als Luft zum Atmen? Ungefähr 20 Stunden halten Sie sich täglich in geschlossenen Räumen auf, davon etwa 12 Stunden in der eigenen Wohnung. Jeder Mensch benötigt ca. 20 Kubikmeter Frischluft pro Stunde. Wenn in den Räumen geraucht wird, sind es sogar 30 Kubikmeter. Gleichmäßige Be- und Entlüftung läßt die Luft zirkulieren und entlastet die Wohnung von Schadstoffen. Weil sie Schimmelpilzbildung verhindert, vermindert sie die Gefahr von Allergien. Das gilt besonders für Bäder ohne Fenster.

Im Handel gibt es Be- und Entlüftungsanlagen, die relativ problemlos zu installieren sind. Entweder in Wand oder Decke. Frischluftzufuhr kommt in geschlossenen Bädern durch ein Türgitter aus Kunststoff, das im unteren Teil der Badezimmertür installiert wird.

Montage: Den Ausschnitt gemäß Maßangaben des Herstellers mit einer Stichsäge ausschneiden, dann die beiden übereinandergreifenden Schächte jeweils von einer

Arbeitsanleitung: Be- und Entlüftungsanlage installieren

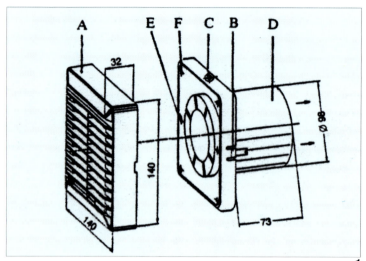

1

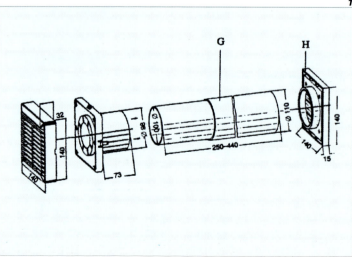

2

Seite durchstecken, durch die angeformten Hülsen verschrauben, fertig. Der Luftdurchlaß entspricht mit 198 cm² den Vorschriften.

Ventilator installieren

1 Vor dem Einbau nehmen Sie das Gitter mit Rahmen (A) ab. Dazu müssen Sie die seitlichen Laschen (B) eindrücken. Elektrische Anschlußleitungen sind auf oder unter Putz möglich. Bei Aufputz-Anschluß Gummitülle (C) nach oben setzen. Ventilatorteil (D) in Rohr einschieben umd die beiden seitlichen Klemmhebel-Schrauben (E) anziehen. Bei senkrechtem Einbau ist eine zusätzliche Befestigung durch Schrauben möglich. Dazu sind vier (durchdrückbare) Schraubenlöcher (F) in den Ecken vorgesehen. Prüfen Sie, ob sich das Flügelrad frei drehen kann. Anschließend können Sie das Gitter mit Rahmen (A) aufdrücken.

2 Teleskoprohr (G) so ins Mauerwerk einsetzen, daß das Rohr mit dem kleineren Durchmesser nach innen kommt (Ventilator-Seite). Die Verschlußklappe (H) kann nach Anheben der Lamellen angeschraubt werden. Der Einbau ist nur waagerecht möglich.

Ist der Abstand zur Ausblasöff-

Arbeitsanleitung: Be- und Entlüftungsanlage installieren

nung kleiner als 850 mm müssen Sie ein Schutzgitter (Öffnungsweite 4 - 8 mm) anhängen. Zum Schutz vor Spritzwasser oder Regen müssen Sie an der Ausblasöffnung ein Schutzgitter oder eine Verschlußklappe anbringen. Das ist auch bei ausreichendem Sicherheitsabstand notwendig.

> **SICHERHEITSTIP**
> Der elektrische Anschluß darf nur von einem konzessionierten Elektrounternehmen durchgeführt werden. Ansonsten erlischt die Produkthaftpflicht des Herstellers!

Bei der Elektroinstallation und Montage – besonders in Naßbereichen wie Duschen und Badezimmern – ist DIN/VDE 0100 T 701 zu beachten (Schutzzonen). Verwendbar sind folgende Leitungstypen: NYM 3 x 1,5 Ø, bei Ventilatoren mit Zeitrelais NYM 4 x 1,5 Ø. Die Stromkabel dürfen erst nach der Befestigung des Ventilators angeschlossen werden, damit die Leitungen während der Montage nicht belastet werden.

Achtung: Bei senkrechter Montage (Deckeneinbau) müssen Sie das Gitter mit Rahmen aufsetzen, bevor die Anlage in Betrieb genommen werden kann.

Abluftbeispiel Deckenmontage

Be- und Entlüftung für Bäder ohne Fenster (mit einem Deckenventilator)

Arbeitsanleitungen: Unsichtbare Revisionsöffnung

Wo geht's denn da rein ?

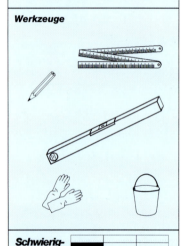

Material

Den Fliesenrahmen gibt es komplett im Handel, Fliesen und Zubehör müssen Sie extra besorgen

Werkzeuge

Schwierigkeitsgrad 0 1 2 3

Kraftaufwand 0 1 2 3

Arbeitszeit

Sie müssen etwa zwei Stunden Arbeitszeit veranschlagen, Härtezeit von Klebern nicht gerechnet

Ersparnis

Sie sparen etwa 150 Mark, also den Facharbeiter-Lohn für zwei Stunden

---

Auf dem Markt gibt es jetzt einen neuen Fliesenrahmen aus Kunststoff, der eingebaut nicht sichtbar ist. Die Montage ist problemlos. Sein besonderer Vorteil: Die Fliese kann größer sein als die Trägerplatte. Dadurch bleibt das Fliesendekor optisch einwandfrei.

Montage in Wannenträger aus Hartschaum

1 Zunächst zeichnen Sie das lichte Rahmeneinbaumaß auf der Verkleidung der Wanne an.

2 Dann schneiden Sie die Revisionsöffnung aus dem Hartschaumblock aus. Dazu verwenden Sie am besten ein scharfes Messer (Cutter oder Teppichmesser).

3 Fliesenrahmen umlaufend mit Silikon versehen.

4 Setzen Sie nun den Fliesenrahmen ein, drücken Sie ihn fest an und lassen Sie das Silikon aushärten. Wichtig: Aushärtezeit beachten!

5 Jetzt können Sie den Wannenträger mit Fliesen bekleben (s. Seite 45 ff).

6 Kleben Sie die Fliesen mit Silikon auf die Trägerplatte auf. Ist die Fliese größer als die Trägerplatte wird die überstehende Fläche am Wannenträger nicht mit Kleber versehen.

7 Setzen Sie nun die Trägerplatte mit den aufgeklebten Fliesen in den Fliesenrahmen ein und verfugen Sie die gesamte Fläche wie üblich.

Montage in gemauerte Wannenträger

8 Die Revisionsöffnung beim Mauern des Wannenträgers in der gewünschten Größe vorsehen.

9 Versehen Sie den Fliesenrahmen umlaufend mit dauerelastischem Fliesenkleber und kleben Sie ihn in die Revisionsöffnung ein. Wichtig: Aushärtezeit beachten.

10 Kleben Sie nun die Fliesen mit Silikon auf die Trägerplatte auf. Die überstehende Fläche aber nicht verkleben.

11 Danach Fliesenträgerplatte mit aufgeklebten Fliesen aufkleben und verfugen.

12 Wenn Sie einmal an die verborgenen Leitungen müssen: Entfernen Sie die umlaufende Fuge. Die Trägerplatte kann dann leicht mit einem Sauger aus dem Rahmen gelöst werden.

Arbeitsanleitungen: Unsichtbare Revisionsöffnung

Begriffserklärungen

Von Absperrventil bis Zoll

Absperrventil im Wasserleitungsnetz

Absperrventil
Meist als Absperrhahn bezeichnet. Dient dazu, den Wasserzufluß innerhalb eines Rohrnetzes zu unterbrechen, besonders vor und hinter → Rohrarmaturen, die regelmäßig gewartet werden sollten. Häufig sind diese Ventile mit einem sog. → Rückflußverhinderer kombiniert.

Abwasser
Verunreinigtes Wasser, das über Abwasserrohre, Gullys etc. in die Kanalisation geleitet wird.

Auslaufventil
Allgemein Wasserhahn genannt. Dient zur Entnahme von Brauchwasser. Auslaufventile, an die eine Wasch- oder Spülmaschine bzw. andere Einrichtungen angeschlossen werden, müssen mit einem → Rückflußverhinderer ausgestattet sein. Beim Schlauchanschluß ist auch ein → Rohrbelüfter zu empfehlen.

Bar
Maßeinheit für Druck allgemein (1 bar entspricht 10 m.W.S. = Meter Wassersäule).

Betriebspunkt
Der Betriebspunkt einer → Pumpe ist der Punkt auf der Pumpenkennlinie, wo sich die tatsächliche Förderhöhe (H) und Fördermenge (Q) einpendeln.

Brauchwasser
Das von den Wasserversorgungsunternehmen gelieferte Wasser hat Trinkwasserqualität. Bei hoher Wasserhärte kann die Installation von → Dosiereinrichtungen oder Anlagen zur → Wasserenthärtung empfehlenswert sein.

Dichtungen
Dichtungen sind notwendig bei allen Verschraubungen im Sanitärbereich, bei Absperr- und Ab-

Wasserhähne bzw. Armaturen heißen in der Fachsprache „Auslaufventil"

Begriffserklärungen

laßventilen ebenso bei Steckverbindungen im Abwasserbereich.

Dichtungsarten
Es gibt zwei verschiedene Dichtungsarten: die dynamische und die statische. Die Dynamische ist beweglich und sich bewegend. Sie wird zum Abdichten von sich drehenden Wellen eingesetzt. Die Statische ist unbeweglich. Sie dient als Abdichtung zwischen ruhenden Flächen.

Dosiereinrichtungen
Sie setzen dem Wasser Chemikalien zu, die → Korrosion und Verkalkung verhindern sollen. Dosierung und Zusammensetzung der Chemikalien hängen von der Härte und dem pH-Wert des Wassers ab. Sie werden hauptsächlich im Warmwasserkreislauf und im Zulauf für Wasch- und Spülmaschinen installiert. Herstellerangaben von Gerät und Chemikalien genau beachten.

Druck
Brauchwasser wird von den Wasserversorgungsunternehmen üblicherweise mit einem höheren Druck am Hausanschluß bereitgestellt als für den Betrieb der Sanitäranlage erforderlich ist. Ein → Druckminderer nach der Wasser-

Absperrventil an der Wand

uhr regelt den Druck auf das erforderliche Maß und gleicht damit auch Druckschwankungen im Versorgungsnetz aus.

Druckminderer
Er reduziert den Druck von Flüssigkeiten und Gasen auf den erforderlichen Betriebsdruck der angeschlossenen Anlagen.

Druckspüler
Wasserspüleinrichtungen für Toiletten, die keinen separaten → Spülkasten besitzen. Leitungsdruck von 1,5 - 6 bar erforderlich.

Durchlaufsystem
In einem Durchlaufsystem wird das Wasser für Warmwasserversorgung nicht in einem Kessel erhitzt, sondern es läuft durch die Heizschleife. Wird häufig bei Gasfeuerung angewandt.

Eckventil
Absperrventil am Rohrstutzen in der Wand. An ihm werden die Kupferleitungen von Armaturen mittels Quetschdichtung angeschlossen.

Edelstahl-Rostfrei
Höhe Beständigkeit gegen aggres-

Begriffserklärungen

sive Medien. Verantwortlich für die Rost- und Säurebeständigkeit ist das Element Chrom (mindestens 12 Prozent).

Einhandmischer
Mischbatterie, bei der Wassermenge und Temperatur mit einem Hebel, mit einer Hand also, eingestellt werden.

FI-Schutzschalter
Das Risiko eines elektrischen Schlages wird durch den Fehlerstrom-Schutzschalter (= FI-Schutzschalter vermindert. Er mißt die Differenz zwischen dem zu- und dem abfließenden Strom. Er schaltet einen defekten Stromkreis binnen Sekunden ab. Ein FI-Schutzschalter reagiert bei geringen Fehlerströmen von zum Beispiel 30 mA.
Beim Einsatz elektrischen Stroms in Badezimmern o.ä. ist er gesetzlich vorgeschrieben. Das „F" steht für Fehler, das „I" für Strom. FI-Schutzeinrichtungen erhöhen die Sicherheit stark. Sie sind aber keine Lebensversicherung. **Vorsicht im Umgang mit der Elektrizität bleibt daher geboten.**

Fittings
Damit sind Winkel, T-, Reduzierstücke usw. für die Verbindung verschiedener Rohre gemeint. Sie sind mit Gewinde für die Verschraubung von Stahl-, ohne Gewinde für die Verlötung von Kupferrohren im Handel.

Frequenz
Die Frequenz gibt die Anzahl der elektrischen Schwingungen eines Wechselstromes, auch Drehstromes, pro Sekunde an. Die Angaben auf dem Typenschild von Pumpen beziehen sich in der Regel auf die Frequenz der jeweiligen Wechselstromversorgungsquelle (50 bzw. 60 Hz).

Förderhöhe (H)
Förderhöhe allgemein. Gemessen in Meter, Wassersäule oder bar = 10 mWS.

Fördermenge Q
Fördermenge allgemein. Gemessen in L/sek., L/min. oder Kubikmeter/h.

Geruchsverschluß
Jede Ablaufstelle für → Wasser ist mit einem Geruchsverschluß versehen. Es bleibt hier in einer Schleife oder ähnlichen Konstruktionen so viel Wasser stehen, daß die Ab-

Lötfittings werden einfach ineinandergesteckt und dann verlötet

Begriffserklärungen

wasserleitung gegenüber dem Raum luftdicht abgeschlossen ist.

Gewinde
Auf Stahlrohren werden mit einer Schneidkluppe Außengewinde gedreht. Sie werden mit Hanf oder (Teflon-)Dichtungsband umwickelt und in → Fittings eingedreht.

GFK
Diese Abkürzung steht für glasfaserverstärkte Kunststoffe, die sich insbesondere durch hohe Festigkeit, Wärmeformbeständigkeit und geringes Gewicht auszeichnen.

Gleichgewicht, biologisches
Ein gesunder, ausgeglichener und weitgehend stabiler Zustand eines ökologischen Systems wird als „biologisches Gleichgewicht" bezeichnet.

Hebeanlagen
Liegen Ablaufstellen für → Abwasser unterhalb des Niveaus des Kanalanschlusses, wird das Wasser aus diesen Abläufen in einem Behälter bzw. Schacht gesammelt, bei Bedarf hochgepumpt und der Kanalisation zugeführt.

Ionentauscher
Ein Wasserenthärter, bei dem Cal-

Korrosion: So werden Metalle zerstört

cium und Magnesium-Ionen gegen Natrium-Ionen ausgetauscht werden. Der Austausch erfolgt beim Durchfließen eines Kunststoffharzes, das mit Kochsalz (Natriumchlorid) regeneriert werden muß. Die Regenerierung erfolgt bei den meisten Geräten automatisch nach einer vorgegebenen Zeit oder Durchflußmenge.

Isolierung
Die Isolierung der Rohre dient zum einen als Wärmedämmung, zum anderen zur Vermeidung von → Korrosion durch Schwitzwasser bei Kaltwasserleitungen und drittens zur Verminderung von Schallübertragungen. Weiterhin gibt eine ausreichende Isolierung den Rohren, die in der Wand verlegt sind, genügend Spielraum für die Längenausdehnung bei Wärme.

Korrosion
Zerstörung von Metallen durch chemische oder elektrochemische Reaktionen. Rost ist das bekannteste Ergebnis. In Wasserleitungen wird die Korrosion durch Ablagerung von Kalk verhindert. Dies wiederum ist absolut unerwünscht.

Begriffserklärungen

Die Leistungsaufnahme von Wasserpumpen wird in Watt = W angegeben

Muß regelmäßig gewartet werden: Siphon oder Geruchsverschluß

Leistungsaufnahme
Die Leistungsaufnahme ist die Leistung, die ein Elektrogerät, z.B. eine Wasserpumpe, dem öffentlichen Haushalts-Versorgungsnetz entnimmt und die auch vom Stromzähler registriert wird. Die Einheit ist das Watt = W.

Löten
Kupferrohre für Heizung und Brauchwasser werden mit → Fittings zusammengesteckt und verlötet. Beim Weichlöten liegen die Temperaturen unter 450 Grad.

L/sek.
Abkürzung für Liter pro Sekunde.

Lüftungsleitung
Die Verlängerung der Schmutzwasser-Fallrohre über das Dach hinaus. Sie verhindert, daß beim Ablassen von Schmutzwasser ein Sog in der Abwasserleitung entsteht, der die → Geruchsverschlüsse leersaugen könnte.

Kubikmeter/h
Abkürzung für 1 Kubikmeter pro Stunde.

Mischbatterie
Armaturen an Waschbecken, Bade- und Duschwannen mit nur ei-

Begriffserklärungen

nem Auslauf. Warmes und kaltes Wasser werden vor dem Auslauf bereits gemischt!

Muffe
Als Muffe bezeichnet man ein kleines Rohrstück (mit oder ohne Gewinde) zum Ver- oder Anbinden von Rohren.

mWS
Darunter versteht man die Förderhöhe in Meter Wassersäule. 1 mWS entspricht 0,1 bar.

Pumpenkennlinie
Die Pumpenkennlinie wird auch Leistungsdiagramm genannt. Sie zeigt das Verhältnis von Fördermenge (Q) zur Fördermenge (H) einer Pumpe an.

Prüfzeichen
Das Prüfzeichen GS, geprüfte Sicherheit, bescheinigt, daß das Gerät von einer Prüfstelle wie z.B. VDE (Verein Deutscher Elektrotechniker), TÜV (Technischer Überwachungsdienst) usw. geprüft wurde, ob es dem derzeitigen Sicherheitsstandard entspricht, wie er in DIN-Normen, VDE-Bestimmungen, Arbeitsschutz- und Unfallverhütungsvorschriften fixiert ist.

Quetschverschraubung
Anschluß der biegsamen Kupferleitungen von Armaturen am → Eckventil. Eine Überwurfmutter quetscht hier beim Anziehen eine Gummidichtung zusammen und dichtet die Anschlußstelle ab.

Revisionsklappe
Bei eingemauerten und verfließten Badewannen bzw. Duschbecken sind einige Fliesen auf einem Rahmen befestigt, der abgenommen werden kann, damit die Ablaufarmaturen für Reparaturen zugänglich sind.

Rohrarmaturen
Alle Armaturen innerhalb eines Leitungsnetzes (Wasseruhr, Absperrventile, Druckminderer usw.).

Rohrbelüfter und -entlüfter
Sie sind am obersten Punkt einer Wasserinstallation angebracht und lassen Luft in die Leitung einströmen, falls ein Unterdruck entsteht. Das kann eintreten, wenn das Wasser am Ablaßventil im Keller abgelassen wird. Beim Wiederauffüllen entweicht zuerst die Luft, ehe der Schwimmer wieder schließt.

Rohrbelüfter mit Schlauchanschluß Auslaufventile mit → Rückflußverhinderer haben auch einen Rohrbelüfter. Sie unterbrechen beim Abdrehen oder beim Schließen des Rückflußverhinderers die Wassersäule und verhindern damit einen Unterdruck im Schlauch.

Rückflußverhinderer
Sie lassen Wasser nur in eine Richtung durchfließen. Bei Druckabfall vor dem Rückflußverhinderer kann das Wasser nicht in die Leitung zurückfließen. Häufig ist er im Absperr- oder Auslaßventil integriert. Bei Auslaßventilen für den Anschluß von Wasch- und Spülmaschinen sind Rückflußverhinderer inzwischen vorgeschrieben.

Schwebstoffe
Die Schwebstoffe im Wasser bestehen teils aus organischen, teils aus anorganischen Stoffen. Sie werden unterschieden nach absiebbaren, absetzbaren und nicht absetzbaren Schwebstoffen.

Silikon
Diese dauerelastische Dichtungsmasse, die in die Fuge zwischen Badewanne bzw. Duschbecken und Unterkante der Fliesen gespritzt wird (s. S. 45 und 48), gibt es im Fachhandel. Dazu benötigen Sie eine Art Pistole, in die die Kar-

Begriffserklärungen

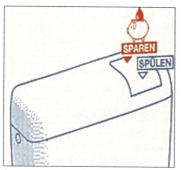

Spülkästen nur mit Spartaste kaufen

Übermäßige Kalkablagerung

tusche einfach eingehängt wird.

Siphon
→ Geruchsverschluß

Spaltrohrmotor
Der Naßläufer-Spaltrohrmotor ist ein im Pumpenbereich eingesetzter Elektromotor. Ein Spaltrohr trennt den elektrischen Teil von den rotierenden Teilen des Motors und der Pumpe. Es macht damit eine verschleißgefährdete, dynamische Abdichtung überflüssig. Wartungsfrei mit hoher Lebensdauer.

Speichersystem
Im Gegensatz zu Durchlaufsystemen wird beim Speichersystem warmes Wasser auf Vorrat in ausreichender Menge in einem Boiler bereitet. Dieser Boiler muß gut isoliert sein, damit die Wärmeverluste in Grenzen gehalten werden.

Spülkasten
Ein Wasserbehälter für die Toilettenspülung. Im Gegensatz zum → Druckspüler ist der Spülkasten unabhängig vom Leitungsdruck. Er erzeugt deshalb immer die gleiche Spülwirkung.

Steigleitung
In mehrstöckigen Häusern werden die Wasserleitungen, die senkrecht von einem Stockwerk zum anderen führen, als Steigleitungen bezeichnet. Von ihnen verzweigen sich die Versorgungsleitungen zu den einzelnen Etagen.

Transformator
Mit einem Transformator lassen sich elektrische Spannungen ändern, z.B. von 220 V/50 Hz Netzspannung auf 224 V/50 Hz oder 12 V/50 Hz Schutzkleinspannung.

VDE
Abkürzung für Verband Deutscher Elektrotechniker.

Wasserenthärtung
Zu hartes Wasser verursacht übermäßige Kalkablagerungen in den Leitungen, besonders in den Warmwasserbereitern. Weiterhin ist der Bedarf an Waschmitteln bei hartem Wasser größer als bei weichem. Die Wasserhärte kann durch chemische Zusätze (→ Dosiereinrichtungen) oder durch einen → Ionen-Tauscher reduziert werden.

Zoll
Englisches Längenmaß, entspricht etwa 2,54 cm. Im Sanitärbereich eine nach wie vor geltende und übliche Maßeinheit.

Sachwortregister

Wo finde ich was?

A
Ablaufgarnitur 14, 76, 81
Abflußleitung 14, 22
Ableitung 12, 18
Absperrhahn 22, 42, 52, 88
Abwasser 18 ff, 58, 62, 88
Armaturen 9, 20, 28, 30, 32, 52, 58

B
Badewanne 12 ff, 19, 24 ff, 68 ff, 76 ff, 85, 86 ff
Bakterien 9 ff
Bidet 18, 19, 30, 70 ff
Biofilm 9
Bioreaktor 12 ff
Brauchwasser 17, 32 ff, 88

C
Calcium 10

D
Dichtringe 28
Dichtung 28, 32, 63 ff, 88
Dichtungsband 29, 44, 64, 66
Druckspüler 20, 66 ff, 89
Dusche 12 ff, 19, 30, 44, 64 ff, 81, 85
Duschköpfe 9, 23, 30

E
Eckventil 28, 42, 58 ff, 66 ff
Einhebelmischbatterie 30
Einlaufgarnitur 16
Erlebnisbad 24
Essigessenz 23

F
Fallrohr 18
Feinfilter 29
Fitting 33, 41, 49 ff, 90
Fliesen 44 ff, 86 ff

G
Geruchsverschluß 28, 62 ff, 90
Gewinde 29, 57, 62 ff, 91
Grauwasser 12, 17
Gummiring 28

H
Hanf 29, 58, 64, 66, 91
Hausanlage 13
Heizstäbe 9

I
Ionenaustauscher 8 ff, 91

K
Kalk 9, 91
Kalkflecken 23
Kapazitätsberechnung 9
Konus 28
Korrosion 20, 24, 49, 91
Kunststoffeitung 14 ff, 33, 50 ff

L
Luftsprudler 22, 23
Lot 49 ff
Lotverfahren 33, 92

M
Magnesium 10, 91
Modulbauweise 13

N
Naßzellen 27, 34

P
Pegelschalter 16
Perlator 22
Pumpe 16, 17, 76
Pumpgefäß 14 ff

Q
Quetschdichtung 28, 89

R
Regeneration 10
Revisionsöffnung 86 ff

Rohrnennweite 21
Rohrnetz 20, 88
Rückschlagventil 19

S
Sammelbehälter 14, 76, 78, 80 ff
Schlauchanschluß 28, 80
Siphon 62 ff, 70, 93
Sparbesalzung 9
Spartaste 21, 66, 82
Spülkasten 13, 16, 20, 66, 81, 94
Spülwasser 12
Steuerteil 16, 78, 81

T
Tiefhänge-Spülkasten 20 ff
Toilettenspülung 13, 17, 22, 82
Trinkwasser 8, 10 f, 16
Trinkwasserleitung 51 ff
Trinkwassernetz 6
Trinkwasserverordnung 10, 17

U
Überwurfmutter 28, 58 ff, 64, 80
Umwelt 10

V
Verkeimung 11
Verschneideeinrichtung 11

W
Wandeinbau-Spülkasten 20
Wartung 20 ff
Wartungsarbeiten 20
Waschbecken 18, 28, 56 ff
Waschmittel 9
Wasserbehandlung 8
Wasserenthärter 8 ff, 94
Wasserfilter 22
Wasserhärtebereiche 11

Z
Zwangsregeneration 9

Bildquellen-Nachweis

Abbildungsverzeichnis

Die nachstehend aufgeführten Personen und Firmen haben Bildmaterial bzw. Illustrationen zur Verfügung gestellt. Da sie damit zur Gestaltung dieses Buches beigetragen haben, möchten wir ihnen für die freundliche Unterstützung herzlich danken.

Allibert GmbH
Friesstraße 26
60388 Frankfurt
Tel. (069) 41 08-0

DURAVIT AG
Postfach 240
78128 Hornberg
Tel. (0 78 33) 70-0

Judo
Wasseraufbereitung GmbH
Postfach 380
71351 Winnenden
(0 71 95) 6 92-0

Lugato Chemie
Dr. Büchtermann GmbH + Co
Postfach 70 11 40
22011 Hamburg
Tel. (040) 6 94 07-0

Marley Werke GmbH
Postfach 1140
31513 Wunstorf
Tel. (0 50 31) 53-0

Repro GmbH
Am Bahnhof 7
98529 Suhl
Tel. (0 36 81) 39 34 40

Manfred R. Radtke, Dipl. Biologe
Postfach 11 66
97205 Veitshöchheim
Tel. (09 31) 9 73 16

TOX-Dübelwerk
R.W. Heckhausen GmbH & Co.KG
Postfach 59/60
78346 Bodmann-Ludwigshafen
Tel. (0 77 73) 809-0

Schläfer GmbH + Co.
Postfach 11 80
75374 Bad Liebenzell
Tel. (0 70 52) 4 01-0

Fotonachweis:
Allibert: S. 38, 39
Duravit: Titel (gr. Bild), S. 4 r.u., 34, 35, 36
edition VASCO/Titus Müller: S. 7 (2), 21 u.l., u.r., 24, 27 u.
edition VASCO/Wolfgang Seitz: S. 5 l.u., 32 (2), 33, 37, 68, 72 - 75 (9), 90, 92 o.
edition VASCO/Carolin Schmitt: S. 26
Judo: S. 4 l.o., 10, 11 (6), 91, 94 u.
Lugato: S. 44 - 48 (26)
Marley: Titel (kl. Bild), S. 50 - 55 (18), 87 (12)
Oller, Franz-Josef: S. 25
privat: S. 27 o.
Schiffer, Heinz-Jürgen: S. 5 o.r., 22 (2), 23 (2), 28 (2), 29 (3), 43 (4), 57 o., 59 (5), 60 (2), 61 (4), 62 (4), 63 (8), 88 o., 89, 92 u.
Schläfer: S. 20, 21 o. 30 (2), 31 (6), 64, 66, 88 u., 94 o.
SFA Sanibroy: S. 18, 19, 70
Repro: S. 77 - 80 (13)
TOX-Dübelwerk: S. 56 (2), 57 u. 59 o.l

Illustrationen:
Marley: S. 83 - 85 (6)
Radtke, Manfred R.: S. 12, 13, 14, 16
Repro: S. 15, 17
Judo: S. 8
Schläfer: S. 49 (4), 65 (4), 67 (4), 69 (4), 71 (4)